U0005016

當心！網路害死你的狗！

古道 著

晨星出版

自序

自出版了《當心！網路害死你的貓！》，網友就聲聲催促出版一本有關狗的書。正如同貓書序文所言，兩本書皆是無心插柳下的結果。

執業之初，純粹是為了在自己的職業生涯中留下一些美好的回憶，開了一個部落格——「一個獸醫的日記」，紀錄一些特別案例。後來，隨著網友們紛至沓來的問題，除了扼要回覆外，文章也從原先侷限在特別的案例擴及至多數飼主網友們關心的問題。

自二〇一二年起，由於需要一些網友上傳他們寶貝的影像、檢驗報告，偏偏部落格的平臺沒有此項功能，於是又在臉書上開了一個版面——「大水坑希望獸醫及太子醫療診所主治醫師古道醫師的免費諮詢」。沒想到，幾年下來竟自成一片風景！

然而，生性疏懶。要不是父親的堅持，母親親自集結、改寫網路文章及問答，晨星出版社主編的鼎力支持，以及網友們熱情的回響，這些資料可能永遠只能「點進」而無法「翻閱」。

又由於網友的對象多元，文章有專論貓的，有專論狗的，更多的是同時論及貓狗的。為了針對貓飼主、狗飼主分別出書，不少文章得做修改。本次刪修不少與在《當心！網路害死你的貓！》第二部分「常見迷思」內雷同的文章；刪除了有關狗被蛇咬、狂犬病、名犬和預防針施打等較少見或是太常見的內容；論及貓狗共有如心臟、腎臟、貧血、賀爾蒙等重大問題的文章，在兩本書內皆有介紹。讀者若有興趣，可以參考拙作《當心！網路害死你的貓！》或到本人的網站搜尋。

此外，為了書本的完整性及易讀性，文章前後做了大幅的更

動。文章分成三部分：「平日照顧」、「就醫診療」及「常見迷思」。第一部分依照顧的基本及迫切性排序。第二部分則儘量以生物系統來分。第三部分「常見迷思」則以網友詢問熱度做排序。另外，由於徵詢意見的網友來自世界各地，近自港、澳、中、臺，遠自美、澳（洲），因此有普通語、粵語、還有英語等語言，為求統一，本書儘量採用多數華人都能讀懂的語詞書寫。

由於我學習的地方橫跨亞、歐、美、澳；學習的領域又橫跨人醫、獸醫及純研究，因此針對動物的疾病可從多方切入，特別是曾經主修免疫學及解剖學，會以不同的觀點來進行診斷及探討。因此我的所見所聞，所思所論，可能有異於其他同業，希冀能給予其他同業參考的價值。

我在加拿大出生，成長於臺灣。在臺灣念到國二後，隨著到哈佛進修的父親去了波士頓。又為了與老同學一起拚高中聯考，念了一學期就返國。考上成功高中後，念了兩年，又隨去倫敦大學進修的母親到了英國，在Cheltenham寄宿學校唸A Level（相當臺、港的高中）。畢業後有幸申請進入著名的「倫敦大學學院」（University College London），就讀與人醫有關的「解剖發展生物學系」（Anatomy and Developmental Biology），並取得榮譽學士。繼之，在倫敦大學「國王學院」（King's College）拿了分子生物研究所（Molecular Life Science Research）的碩士。之後返回加拿大溫哥華，在CDC國家疾病管理局，做肺結核的研究。

做了兩年，養了三隻狗、兩隻貂及兩隻變色龍，卻發現自己對細菌病毒的世界感到有點悶，還是比較喜歡動物世界，於是毅然辭職，到澳洲墨爾本大學讀獸醫。求學期間返臺時，曾在臺灣大學附屬的動物醫院實習。畢業拿到榮譽獸醫學士的學位後，就報考了超

難的NAVLE（北美獸醫考試），也僥倖過了，本以為會回加拿大執業，豈料因緣際會落腳香港，且一留至今。因此，除了香港，我對臺灣、澳洲及美國獸醫的治療方法也都略知一二。香港獸醫分為澳洲幫及臺灣幫，我應算是中間幫吧！

我對免疫學及學術研究方面的涉獵比較廣泛。我願意接受新的資訊，也對新的資訊求知若渴。只要新資訊有科學的驗證，我都想了解、嘗試，很歡迎網友在我的網站上分享你們得到的寵物相關新知。我會求證後，加以推薦或回覆的！

古道醫生的部落格：
http：//blog.xuite.net/sword_flying/twblog

古道醫生的臉書：
https：//www.facebook.com/DrKuVet/

CONTENTS

第 **3** 章

常見迷思

第 **1** 章
平日照顧

看懂狗狗的
健檢報告

　　本書介紹很多狗狗的醫療與健康等內容，因此書中會大量用到與狗狗健檢疾病有關的專有名詞。本篇先介紹狗狗健檢與疾病時常用到的一些名詞，以利讀者們在閱讀時快速進入狀況。不過，很多時候，一種疾病可能需要同時看好幾項指數來判斷，只看一兩個指數其實是不準確的。

　　以下指數與內容僅提供參考，有問題時，還是要優先就醫！

名詞	翻譯	數值高	數值低	備註
HCT/PCV	血球壓量	代表脫水、缺氧	代表貧血	
RBC	紅血球	代表脫水、缺氧	代表貧血	
HGB	血紅素	代表脫水、缺氧	代表貧血	如果HCT低而血紅素高，代表是溶血性貧血，血紅素跑出血球外
MCHC	紅血球內血紅素濃度	沒有什麼問題	代表鐵質或營養不夠	

名詞	翻譯	數值高	數值低	備註
MCV	紅血球體積大小	代表血球很年輕，骨髓造血不錯	代表血球年紀很大，骨髓懶惰	
Retic/%	新紅血球多少／比例	越高代表骨髓造血越積極		
WBC	白血球	代表緊張、發炎、可能有腫瘤	代表骨髓有問題或超嚴重病毒感染	
NEU	嗜中性球	代表緊張、發炎、可能有腫瘤	代表骨髓有問題或超嚴重病毒感染	
Esinophil	嗜酸性球	代表過敏或有蟲	代表正常，可能是腎上腺皮質醇分泌過高或有服用類固醇	
Lymph	淋巴球	代表過敏、有免疫系統問題或淋巴癌	代表壓力大或可能服用類固醇	
MONO	單核球			數值比較不重要
PLT	血小板	代表緊張	可能有牛蜱熱（臺灣也稱為壁蝨熱）、內出血、免疫問題	

🐾 生化指數

名詞	翻譯	數值高	數值低	備註
ALB	白蛋白	代表脫水	代表腎臟或腸道流失蛋白、營養不夠、有腸胃寄生蟲	
ALT	肝臟酶	代表中毒、肝炎、肝臟腫瘤、胰臟炎、鉤端螺旋體感染	代表正常或先天性肝臟萎縮肝血管短路	

ALKP	膽指數	代表庫興氏症、膽管膽囊炎、骨癌、年輕的寵物	正常	
BUN/Urea	血液氮廢物	代表脫水、腎功能不足、有服用利尿劑、食物太高蛋白、尿道堵塞	代表正常，也可能是肝功能有問題、水喝太多	
Crea	肌酸	代表腎功能差、急性或慢性腎炎、腎衰竭、尿道堵塞	代表動物肌肉萎縮	
Phos	磷酸	同肌酸	代表正常、水喝太多	
Glu	血糖	代表緊張、糖尿病	代表胰島素打太多、胰島腫瘤、幼體失溫、木醣醇中毒、愛迪生氏症	
Glob	球蛋白抗體	代表過敏、病毒感染、淋巴癌	代表肝臟問題	
TBil	膽紅素	代表黃疸、胰臟炎、溶血性貧血	正常	
Ca	鈣	代表食物或補品太高鈣、腎臟病、副甲狀腺問題、淋巴瘤	代表母親餵奶沒補充鈣、吃純生肉、白蛋白低	
Na	鈉	代表吃太鹹、生理食鹽水點滴吊太多、腎功能有問題	代表愛迪生氏症、鞭蟲感染、下痢	
K	鉀	代表愛迪生氏症、補充太多營養、溶血性貧血	代表營養不夠、吃得少、胰島素打太多	
Cl	氯		代表嘔吐太多	

Amylase	澱粉酶	代表胰臟炎、腸道堵塞、腎功能不足、飯吃太多	代表沒吃飯	
Lipase	脂肪酶	代表胰臟炎、吃得太油膩	代表吃得比較少油	
cPL/fPL	胰臟脂肪酶測試 正常 / 不正常			胰臟炎測試
HW	心絲蟲			
E.canis	艾利希體			牛蜱熱的一種
FCoV	冠狀病毒			
CDV	狗瘟、犬瘟熱			
CPV	腸病毒			
CCV	狗狗冠狀病毒			也會嚴重腸胃炎，但較少致死
CAV	傳染性肝炎病毒			香港尚未見過
Babesia spp	兩種焦蟲統稱			造成貧血性牛蜱熱的主兇
Babesia gibsoni	小焦蟲			兩種犬焦蟲之一，很難殺
TP	總蛋白			即是 ALB + GLB = 白蛋白加球蛋白，一般分開看比較好

Bile Acid	膽鹽酸			通常是做BATT（膽汁酸糖耐量試驗）測試時驗的，如果吃完會造成肥胖的東西後，數值超過30則通常代表肝功能有問題或有短路的血管
Cortisol	腎上腺皮質醇（體內類固醇）	代表庫興氏症	代表愛迪生氏症	單獨看沒意義，通常是要配合做ACTH stimulation test（皮促素刺激測試）或LDDST（小劑量地塞米松抑制測試）
T4/TSH	甲狀腺或甲狀腺刺激素	代表甲狀腺亢進	如果有肥胖、貧血、低溫、膽固醇及肝指數高時，也有造成數值偏低的可能	很多寵物病了或老了時，甲狀腺也會偏低，不一定是疾病影響
USG	尿液比重	代表脫水	低過1.020通常代表腎功能有問題或喝太多水	過低時會做water deprivation test，也就是禁水，來看看尿液會不會濃一些

什麼能吃，
什麼不能吃？

西諺說：「You are what you eat.（你吃進什麼，就是什麼）」；華人也常說：「病從口入」，就先讓我們談談「吃」這個最根本的問題。

🐾 巧克力的迷思

大家都知道狗狗不能吃巧克力，但是你相信嗎？即使狗狗真的吃到了巧克力，也不用過於驚慌失措。如果狗狗吃到的只是牛奶巧克力如M&M等，就算吃了一包，也不一定有事，看過比較多的案例是消化不良，造成腸胃炎或胰臟炎等。我聽過有醫院會用生命危險的話術，嚇得飼主趕緊花個幾千元拜託醫生洗胃、餵活性炭、再外加吊點滴、留院觀察。

如果吃的是濃度超過75%以上的黑巧克力，且吃了一排的話，確實會有危險性。多數案例只要在四個鐘頭內，都可以打催吐針或餵食催吐藥讓大部分的巧克力吐出來，無需弄到又要麻醉、洗胃、留院，除非是農藥或殺蟲劑中毒！

你想像不到的危險食物

　　狗狗除了有中毒的危險之外，也有機會因為異物而造成腸阻塞，進而需要開刀取出異物。以我的經驗，造成阻塞的排行榜前幾名其實都是食物，例如：玉米芯、芒果核、栗子殼、蘋果核以及椅腳的防滑膠墊等等。反而大家擔心的雞骨、潔齒骨或其他骨類造成腸胃堵塞，甚至刺穿的機會不高，大多都是卡在嘴邊。

　　此外，很多人愛問我，狗狗這能不能吃、那能不能吃？我認為狗狗是雜食性動物，真正完全不能吃的是人類的用藥，如傷風克、普拿疼，還有容易導致腎臟功能異常的葡萄和葡萄乾等。其他食物少量並不會造成太大的傷害。

　　不過，如果狗狗皮膚過敏，最好不要亂餵，因為你絕對不會相信，在很多過敏源報告中，導致過敏的第一名食物竟然是蘿蔔，偏偏很多人煲湯時都會留一些沒味道的蘿蔔給狗狗吃，更別說還有狗狗會對馬鈴薯或雞肉過敏。所以說真的，皮膚過敏的狗狗，乖乖吃抗過敏的狗食或單純一點的生肉飼料比較安全，否則至少也請先驗一下過敏源後再說！

　　簡而言之，跳過一些沒必要餵食的食物，例如巧克力、蔥等食物，其他食物吃一點點大多都沒什麼問題，但是吃太多絕對會有問題，即使不是中毒，也可能會吃太撐而嘔吐等等。至於人的藥物由於劑量較高、濃度也較純，即使只吃一點點都可能會出事，千萬要注意！

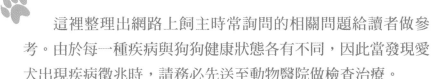

狗狗飼養 Q & A

　　這裡整理出網路上飼主時常詢問的相關問題給讀者做參考。由於每一種疾病與狗狗健康狀態各有不同，因此當發現愛犬出現疾病徵兆時，請務必先送至動物醫院做檢查治療。

Q 請問我有隻狗在花園吃了小麥草種子，有問題嗎？

A 通常沒有大礙，留意一下狗狗的精神及胃口。放屁代表腸胃蠕動速度過快，但若沒拉肚子應該OK。

Q 最近有篇文章，引用了一篇學術論文，聲稱實驗證明一隻5公斤的狗吃了5公克的蒜頭才會導致嚴重溶血性貧血，而哪有狗會吃到這麼多的蒜頭，據而宣稱蒜頭安全！究竟蒜頭可否給狗吃？

A 蒜頭及洋蔥造成的氧化破壞以及肝臟毒性是跟劑量的高低相關。高劑量，當然會有嚴重傷害；但低劑量，不代表不會造成傷害。就像狗吃了普通的牛奶巧克力並不會造成什麼大問題；若吃了整排濃度70%以上的黑巧克力，吉娃娃大小的狗就可能會抽筋死亡。

雖說如此，有飼主會沒事餵狗吃巧克力嗎？既然不會，雖然造成嚴重溶血性貧血的蒜頭劑量需要很高，但是會有飼主故意餵狗吃蒜頭，以造成肝臟負擔及血球氧化破壞嗎？

因為沒研究顯示多少劑量的蒜頭才是完全沒有傷害的，既然知道可能有問題，避開才是上策。

究竟成年的狗狗可否飲用牛奶或其他乳製品？

 乳製品裡面含有許多乳糖，能給嬰幼兒最好、最直接的能量補給。分解乳糖的酵素在所有嬰幼兒動物體內都存在，不過當動物漸漸長大，這些酵素就會慢慢消失。當成犬飲用乳製品時，如果腸胃中已經沒有了消化乳糖的酵素，就會造成乳糖不耐症、脹氣、拉肚子等症狀，一直持續到狗狗將飲用的乳製品排出體外為止。其他乳類製品就好些，第一，通常乳糖成分低很多；第二，如起士或優格等製品裡面通常含有可以分解乳糖的細菌，就算沒有酵素分解，細菌也可以幫你分解一部分，不易造成腹瀉或脹氣。當然沒事最好還是不要給狗狗吃這些，除非是為了餵藥方便！若真的有需要，羊奶的乳糖比較少，會是比較好的選擇。

 古醫生，你好！我的高齡狗狗有腎衰竭，又不喜歡吃狗飼料。除了處方飼料外，想請問還可以餵食什麼？

 用魚、肉、蛋白，配少量米飯及多些蔬菜；不要吃紅肉。腎衰竭必須盡量減少鹽分與蛋白質的攝取，建議可以改用植物油，如堅果油、亞麻籽油或椰子油，並以澱粉代替肉類及蛋白質。

餵食乾飼料好
還是生肉好？

理論上，動物經過幾千年演化，腸胃會熟悉動物在野外的飲食方式，消化系統對於這類原生食物也較容易消化和吸收。

狗狗的飲食習慣

這邊先提一個觀念，那就是人類豐衣足食，飲食精緻的改變是這幾十年間的事情，二次世界大戰離現在還不到百年，戰爭先別說，戰爭結束百業待興，不可能吃得多好、多精緻。何況靠天吃飯的農耕時期，常常自己都吃不飽，相信很多人都聽過老一輩講他們當時能吃到肉有多奢侈，更遑論狗狗會有好東西吃。即使是獵人，也是將獵物不能吃的內臟、骨髓等給獵犬們吃，就是某些文章嗤之以鼻的「動物副產品」（Animal By-products）。

狗狗經過人類幾千年來的飼養與馴化，理所當然，腸胃會逐漸習慣人類餵給的食物，因此若真要說有什麼食品最能幫助狗狗腸胃消化，合理推論都是人類不吃的部分，也就是動物副產品！

當然這還是有區域性之別，例如西伯利亞寸草不生，因此雪橇

等極地犬反而是吃魚肉居多。另外就是米食國家的飼主可能會餵狗狗米飯，但是大量的碳水化合物不適合狗狗。

生肉與乾飼料的利與弊

餵食生肉是可以的，一般市面上的生肉狗食應該都會含有絞碎的骨頭，平衡磷及鈣，但因缺少完整的骨頭給動物啃咬、磨牙、潔齒，導致現代狗狗常有牙周病、牙結石等問題。

至於吃生肉比較健康的說法就很值得我們探討，其實人類演化至今也吃了幾萬年的生肉，卻不見現在有多少人說吃生肉比較健康。當然也是有消化系統不同的因素在，但主要還是因為熟食能大大減少細菌及寄生蟲等問題，雖然熟食多少會流失一些營養，但跟細菌與寄生蟲相比起來，是可以忽略不計的代價。

也要提醒各位飼主，美國FDA在去年一整年中，就回收了十幾款生肉產品，主要都是因為沙門氏桿菌感染，所以選擇生肉產品要記得幫狗狗刷牙及注意衛生！

乾飼料則是近幾年來，基於人類懶惰而出現的方便食物。長期吃不會怎麼樣，該有的營養都有。只是乾飼料無論包裝得再好，全是由打碎了的成分組成，什麼天然飼料、有機飼料都差不多。把天

然有機，無農藥又新鮮的農產品，通通攪爛在一起弄出來的成品，能有多天然有機？何況乾飼料若沒經過防腐處理是無法銷售的，加入這一類添加物後還能叫天然有機嗎？

講了這麼多，其實最好，最天然的狗食當然是飼主自己親手製作的食物，再配合真正的生骨幫助潔齒或勤勞刷牙。煮熟的骨頭容易咬碎，有造成異物阻塞的危險，所以煮熟的骨頭不適合。不用特別迷戀什麼天然飼料、有機飼料，這些絕對都比不過你在自家種植的好！

在此要特別提醒飼主，請不要長期擺放乾飼料在外面給貓狗吃到飽，因為貓狗在野外的本性都是今日不知明日事，有一餐沒一餐的，一但有吃的便會狼吞虎嚥，吃多少贏多少，結果每隻現代都市貓狗都嚴重過胖，容易罹患糖尿病、脂肪肝、關節炎等問題。餐餐少量，改為兩三餐，才是真正貼切動物腸胃的健康餵食習慣！

狗狗飼養 Q & A

　　這裡整理出網路上飼主時常詢問的相關問題給讀者做參考。由於每一種疾病與狗狗健康狀態各有不同，因此當發現愛犬出現疾病徵兆時，請務必先送至動物醫院做檢查治療。

Q 我家貴賓狗帶回剛滿三個月，已打過蟲。因我是新手，回家給了另一個牌子的飼料，以致拉肚子。看了醫生，也吃了兩星期的藥，如今沒有拉稀，便便已成形，但一直是軟便。精神非常活潑，好動又愛吃，一日要吃四餐飼料，但為何到今天都是軟便？需要再帶他看醫生嗎？

A 如果大便仍然不成形，多半是有梨形蟲等慢性寄生蟲（普通殺蟲藥殺不死）或食物過敏，建議慢慢換飼料試試。如果仍是軟便，建議做糞便檢驗。

Q 我家養了兩隻玩具貴賓，大的一歲，小的七個月。因為家人會餵食人吃的肉類、蔬菜類等（都會泡過水），導致兩隻狗狗從小就不太吃飼料。之後就天天煮雞肉配飼料給他們吃。最近都變成只吃雞肉。前幾天還吃了牛小排、烤鴨。家人吃什麼，他們幾乎都有份。吃飯時間，兩隻狗狗就這樣趴在大腿上，使用眼神攻勢。我知道要改善，重點是我好難說服家人。麻煩醫生替我講些利與弊，好讓我說服家人。

A 常吃人吃的東西容易引起牙周病、胰臟炎、糖尿病及腎臟病。不過我說了也沒用，有些人一定要等到出了事的時候，才會後悔，這是人的天性。抱歉，能力有限！

給寵物少吃一些，就不會變大隻嗎？

 狗狗的體型大小並不取決於小時候吃狗飼料的多寡，而是取決於父母的基因！

很多人會被寵物店的話術欺騙，說是茶杯貴婦，怎知這茶杯貴婦買回家後，越長越大。飼主這下驚慌了，決定讓狗狗少吃一些，希望他不會長得太大！這絕對是錯誤的觀念！給幼犬吃少一些，只會令狗狗營養不良，骨瘦如柴，長大後容易有關節或其他問題。雖然大型犬種無論吃多吃少，骨架終究會拉長，但鈣質吃得少，還是有可能容易骨折。大型犬從沙發上跳下來就骨折的案例不在少數，所以千萬不要限制幼犬的食量！幼犬也不需要減肥，小型犬一歲前，以及大型犬一歲半前都不應減肥。

 請問我十歲的狗狗，吃高齡狗飼料，一直都很穩定，會不會吸收到什麼高蛋白、高鹽、高脂肪？

 狗狗和人一樣是雜食性動物。高齡狗飼料理論上少能量、多纖維，應該沒有問題，當然實際成分還是會因廠商而異。

 我家的高齡狗已近十歲了。近幾個月，常常會拉稀，身子也越來越瘦，瘦到已經見骨。獸醫都說這是老了，沒得治。我們也試過不同的食療，但都沒多大用處。可幸的是他還有很強的食慾。但見他日益消瘦，真的心痛，希望能給我們一些建議。

 十歲並不老！有可能是胰臟消化酵素問題，也有可能是腫瘤等問題。需要詳細檢查才能確診。狗狗雖然屬於肉食性動物，但並非完全不能食用植物纖維。高齡狗用的飼料通常纖維較多，相對營養價值較低，適合活動量降低的高齡狗，避免肥胖。如果你的狗狗仍然很活潑，則不建議吃高齡狗飼料。

乾飼料
會造成肝臟損傷？

　　最近幫狗狗驗血，常會驗到肝指數偏高的數字，大概在兩至三百左右。這個數字說是中毒又太小題大作，因為急性中毒通常指數在五至八千，但為何會有這麼多狗狗的肝臟有輕微損傷呢？

　　很簡單，答案就在於「食物」。

不要小看黃麴毒素

　　我們買零食都知道要儘快吃完，但狗狗的乾飼料呢？

　　很多人因為不喜歡花太多時間與金錢買狗飼料，於是會一次買一大包給狗狗慢慢吃。但是在香港、臺灣等潮溼的天氣下，開封的乾狗飼料真的能擺上一兩個月嗎？

　　狗飼料的保存期限長是因為夠「乾」。一旦受潮，只需要幾天的時間，就會有肉眼看不見的黴菌滋生。黴菌會產生黃麴毒素（aflatoxin）破壞肝臟。肝臟受到慢性破壞，就容易發展為肝硬化及肝癌，就跟人酗酒一樣道理！

其實所有食物、農作物，特別是豆類、穀類，擺放一段時間後都容易產生黃麴毒素，而狗飼料因為曾經打爛重組過，可能多少有發霉的問題，甚至混入一些不能使用或販賣的農作物，加上沒有人可以保證工廠的衛生狀況及食材的新鮮度，因此儘管很多包裝精美的狗飼料特別標註天然、營養，我還是不敢為任何寵物食品背書。

除非自己買新鮮食物，我也從不推薦什麼天然飼料、有機飼料，因為根本沒有真正的認證制度，可以確保食物的有機或天然程度。一旦加工過，就不能叫天然了，除非你直接摘取自己家裡種的蔬菜、水果給狗狗吃。

🐾 狗狗的飲食衛生從防潮開始

如果不想讓狗狗的腸、胃或肝臟出現問題，狗飼料防潮工作請務必做好！

最懶的人會直接用夾子封口，稍謹慎些的會將狗狗的飼料擺進桶子裡。但正確的作法應該是擺入防潮箱裡，另外加上幾包除溼劑。除溼劑應盡量買比較大的，以免不慎讓狗狗誤食。此外，買大包狗飼料時，務必分開封存，以免開開關關，使得最下層的狗飼料受潮變質。

若是分裝防潮的工作都有做好，但狗狗肝指數依然居高不下，那可能就是該考慮換一個品牌，或自己親手作鮮食的時候了！

狗碗該墊高嗎？

網路上一直流傳說狗碗不要墊高，會造成狗狗的胃脹氣，這是真的嗎？

🐾 什麼是GDV

GDV（Gastric Dilation +/– Vulvulus），也就是所謂的「胃脹氣 +/– 胃扭轉」，主要發生在胸部很深的大型狗狗身上。因此小型狗的飼主不用太過於擔心。

GDV通常是狗狗吃肉、吃乾狗食等，會在胃中膨脹的食物，然後吃得太快，且邊吃邊吠，吃完又馬上出去跑所造成，尤其常見於特別容易緊張與興奮的狗狗。這樣的吃法容易造成胃部產生大量氣體堆積，加之食物可能堵塞胃管，導致氣體或液體無法排出。但說真的，小型狗例如吉娃娃和貴賓犬，基本上不會有這個問題，因此墊高與否沒有什麼影響。米格魯雖然胸部很深，但是我還沒見過GDV的案例。至於狼犬、黃金獵犬這些大型狗就要特別注意。

胃一旦過脹就容易扭轉，使血液回不到心臟，引發急性休克死亡。像這種情況，需要馬上開刀放氣及固定胃部。如果胃尚未扭轉，可以不開刀，嘗試用胃管放氣，只是有相當大的難度。GDV手術會將胃部固定，避免復發，然而還是有可能脹氣，不過再扭轉的機會則不大。

GDV 與墊高狗碗的關係

當然，研究的確發現狗碗擺高，造成 GDV 的機會會比較高，我個人也認為，狗碗擺高會造成狗狗吞下過多空氣，並且加快進食速度。家中如果養的是胸部很深的大狗，建議少量多餐，一天三餐，不要墊高狗碗，儘量用大顆的乾飼料以減慢其進食的速度，並且吃完後，務必讓狗狗休息一兩個鐘頭後再出去散步，以免不幸的事情發生！

除了狗碗外，也有人詢問水碗需不需要擺高，這其實是另外一個議題。狗狗喝水是用舌頭把水捲入口腔內，用吸的方式飲水，水碗墊高些比較不容易嗆到。但是大狗記得別在吃完飯後讓他大量喝水，也可能會造成 GDV ！

唯一真正需要將狗碗擺高的是頸椎有問題的狗狗，避免他們長期低頭吃東西，造成頸椎壓迫神經。我會建議這些頸椎有問題的狗狗，平常可以用抬高頸部的姿勢吃飯，至於其他狗狗的碗就不用特別墊高。

如何幫狗狗刷牙？

　　牙齒有裡外兩面，狗狗牙齒裡面會受到舌頭摩擦，相對來說比外面少牙結石，但不代表裡面不用清潔。委託寵物店或自行清理，只能清除外面看得到的部分。三面都有刷頭的牙刷會比普通牙刷清得徹底，不過通常大狗才用得著；五公斤以下的小狗若用這類牙刷，可能會很抗拒；若是用手指套，又可能會被狗狗一口咬下來，因此口臭很嚴重的狗，我還是建議帶去給獸醫麻醉檢查。

為什麼有幫狗狗刷牙還會口臭

　　口臭通常代表牙齒已經爛到牙腳根部，外部檢查可能檢查不出什麼問題，需要麻醉了以後，將舌頭拉開一邊，才能勉強看到，這在沒有麻醉的情況下是不可能做到的。此外，牙腳一旦外露，食物容易堆積在牙根中間的空洞，造成嚴重牙周病，進而產生嚴重口臭，就算把牙結石都清理乾淨，也很快會開始發臭，這隻牙就必須整顆拔除。

　　至於狗狗會不會蛀牙？不會！為什麼？因為狗狗的口水是鹼性

的，不像人是酸性的，所以正常的狗狗沒有口臭（酸臭味）。而蛀牙的細菌只生長在酸性口水中，也就是為何人吃完東西要刷牙，不然口水變酸，細菌就開始工作了。但狗狗不用刷得那麼努力，因為他們口水中沒有蛀牙的細菌，吃完東西，口水也不會變酸。

那是不是就不用刷牙啦？當然不是，特別是常吃罐頭或人類食物的狗狗一定要常刷牙。軟的食物容易附著在牙齒上面，剛開始堆積成牙斑，若不弄掉，會更容易附著食物而形成牙結石。牙結石若靠近牙肉，就會令牙肉發炎引起牙周病，慢性牙周病會令牙肉萎縮，且進一步慢慢造成牙根暴露、牙齒鬆動，再想要救那顆牙就已經太遲了。這時人類可以裝假牙，狗狗除了拔牙之外，沒有第二條路可走。

牙齒鬆動時，狗狗會因為痛而不太使用那顆牙咀嚼，多半會改成吞食物，反而容易造成消化不良。拔乾淨鬆動的牙，狗狗仍有牙骨可以吃乾飼料，無須泡水吃軟飼料。很多拔光牙的狗狗仍然能開心地吃著乾飼料。

當然最好是不要走到這一步，但與其整口爛牙、口臭，又只能吞狗飼料，不如拔得清爽些，讓狗狗用牙骨咬乾飼料。

🐾 口腔問題牽一髮動全身

牙周病除了造成牙齒鬆動外，就沒其他問題了？高齡狗狗就可以不用處理嗎？

當然不是！很多高齡狗狗會因為牙齦發炎，導致眼睛下方的牙根膿腫，突然腫得很大，裡面全是膿水。如果不處理可能會爆開，之後那顆爛牙仍會不斷化膿發腫。若上犬齒牙齦發炎，因為犬齒的

牙根離鼻腔很近，會造成單邊流鼻血、打噴嚏等情況。另外由於牙肉裡微血管豐富，牙結石裡面的細菌就會不斷經由微血管進入體內，容易造成心臟瓣膜感染及退化。腎臟也會因為長期要處理過濾血液裡的細菌而提早退化。此外，一如前述，狗狗因牙痛而不肯咀嚼乾飼料，也容易因消化不良，造成嘔吐及拉肚子。

所以不要以為牙齒只是牙齒，口臭只是口臭。通常狗狗有口臭就是牙根開始爛了，造成深層的感染才容易有臭味，千萬要注意！

🐾 狗狗牙齒的保健方法

所以狗狗牙齒該如何保健呢？跟小朋友一樣，應該從小培養刷牙的習慣。什麼噴牙、潔齒骨用處都不大，而且潔齒骨啃多了還容易造成肥胖。若家裡不介意有血腥味，也可以用帶肉生骨替代，不過刷牙仍是重點！

小型狗及扁鼻品種很難用牙刷刷牙，通常建議用手從側面撩起嘴皮，將手指套或紗布沾一些些牙膏之後，從側面摩擦牙齒。至於牙齒內部因為有舌頭長期摩擦，通常不會太髒。如果想要徹底清潔乾淨，可以試試市面上賣的兩面牙刷。

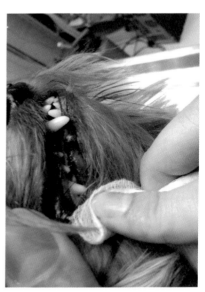

牙膏通常只是提味，減低狗狗對刷牙的抗拒心態。曾經有飼主因為用美味的牙膏培養狗狗刷牙的習慣，結果狗狗只要沒有刷牙就不肯

以紗布潔牙

去睡覺，所以牙齒超漂亮、超健康！牙膏只是輔助，雖然有些產品標示含有酵素，具有分解牙結石的功效，但重點還是要靠刷牙的動作及摩擦力。若因為牙膏的味道讓狗狗喜歡刷牙，也是美事一件！

狗狗洗牙影片
https://youtu.be/THoaTGPpGw8

切記刷牙習慣需慢慢培養，摩擦牙齒才是重點！大型狗可以用嬰兒牙刷來刷，但短鼻狗或小型狗就不適合，他們一定會抗拒！如果狗狗很抗拒刷牙，可以在每餐食物裡放幾粒 Hill's t/d 或 Royal Canin 的潔齒處方飼料。不過這類處方飼料很有營養，每餐放兩三粒就夠了，不要擺太多！

若一切方法都試過，仍然無法解決狗狗的口腔問題，建議還是找位獸醫將牙齒裡裡外外徹底洗淨。洗牙加拔牙麻醉通常只需十分鐘左右，我會保持動物在淺層麻醉，仍有一點點意識下洗牙，只要他不覺得痛，不會一口咬下來就好，麻醉的劑量醫

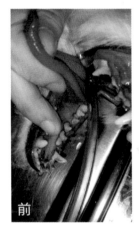
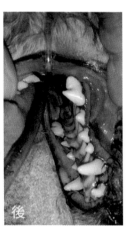

洗牙前後

生都會很小心，所以飼主不用太擔心洗牙的麻醉。

比較需要注意的是，我見過獸醫不洗牙齒裡面的，以為飼主看不到。但其實狗狗在張口喘氣時，從上面就能看見下排牙齒的內側乾不乾淨了。

狗狗飼養 Q&A

　　這裡整理出網路上飼主時常詢問的相關問題給讀者做參考。由於每一種疾病與狗狗健康狀態各有不同，因此當發現愛犬出現疾病徵兆時，請務必先送至動物醫院做檢查治療。

Q 一般狗狗洗牙收費是怎麼計算？依重量嗎？

A 通常照重量計算，但特別髒，或小時候感染過犬瘟的狗狗，收費可能會貴一些。狗狗小時候若得過犬瘟、腸小病毒或使用過四環素等抗生素，會損害牙齒外的琺瑯質，特別容易有牙結石且難洗。如果在做結紮或其他手術時順便洗拔牙就比較便宜，因為無需另外麻醉。若牙齒不算太髒，可以等動其他手術時一起做。

Q 想請教如果刷牙時，牙齦流血正不正常？

A 有牙周病或多或少會流一些血，因為牙肉微血管豐富。但如果流太多就不正常了，可能有凝血障礙！

Q 用椰子油幫狗刷牙有用嗎？

A 椰子油有輕微的抗菌功效，油類能降低細菌及牙結石的附著力，有不錯的功效。不過刷牙還是最重要的。用什麼牙膏或椰子油，如果沒有好好刷牙，都是枉然。

Q 我家的狗狗牙齒斷了，要怎麼處理呢？在左後上方的大牙斷了一半，中間還看得到紅色的一小圈（不知是不是牙神經）。我家的狗狗大約四到五歲，是拉不拉多母狗，沒有生過，不過體重約50公斤（一直降不下來）。

A 通常這狀況的確是會很痛的。有專業的獸醫牙醫會去補，但大部分都是直接拔掉，因為並不會影響吃東西或美觀。50公斤有點太誇張啦。50公斤的狗狗就算拔牙很快，麻醉費用還是不少！快幫她減肥吧！

Q 我家松鼠狗今年十歲，有心臟病同氣管問題，需長期吃藥，請問可否麻醉洗牙，因他有牙結石與口臭，很怕延誤洗牙會造成牙周病，影響心臟。

A 要視心臟病及牙周病嚴重的情形而定。當好處大過風險，就建議做；反之，則不建議。麻醉醫生的技術也是舉足輕重的因素。

Q 我的小狗十一歲了，很抗拒刷牙，想打開他的嘴就會咬我。請問十一歲是否太高齡，無法進行全身麻醉洗牙？

A 十一歲不是問題，如果沒有心臟病，肝腎功能正常，那洗牙風險就不大！但洗完牙還是要定期刷牙保持乾淨，不然可能十三四歲又要再洗牙，那時風險就高了些！

Q 整天聽人說去洗牙，結果被拔掉十幾隻牙。這種情況究竟是牙真的太差？還是洗牙過程有可能令牙齒脫落？

A 很多時候牙結石太嚴重，普通檢查無法確定牙周病的情況，但當洗走牙結石之後，會看到牙齒鬆動或牙腳、牙根外露。這個情況下如果不拔牙，那顆牙很快會造成嚴重的牙周病及痛苦，就會建議拔掉。我也碰過本來是要來洗牙，最後拔牙卻多過洗牙的案例，但我一定會拍片，證明所有拔的牙已鬆動且沒有留下來的意義後才拔。

如何幫狗狗洗耳朵？

最近做了幾個耳朵膿水的細菌培養，都發現有可怕的多重抗藥性綠膿桿菌出現！

這種細菌不是對抗生素完全免疫，就是部分免疫，只對其中五種沒有免疫性。換言之，這個細菌基本上對大部分獸醫常用的抗生素都已產生抗藥性了，只剩下一些很舊，很少用的抗生素仍然有效，這情況實在讓人擔心！

很多人醫會將抗藥性的問題責怪到獸醫身上，因為像綠膿桿菌這類細菌是人畜共通的。若你被貓狗的膿水弄進了眼、耳、鼻、喉，也有機會嚴重發炎。所以希望大家做個負責任的飼主，保護動物，也保護自己，不要亂去寵物店配耳藥、眼藥。醫生若開藥，請遵照指示連續使用，不要任意用用停停。一旦藥水開了超過一個月，請丟了不要再用！這樣多重抗藥性的細菌就不會再猖狂！

使用時要請飼主注意：請於洗完耳朵後使用，每天都要用，連續用一至兩個星期，不可自行停藥！千萬不要今天耳朵有點臭、有點紅，就滴一下。明天沒紅，就不滴。這樣是增加細菌抗藥性的主因！也不要滴超過兩個星期，怎樣都要停一停。若是超過一個星期

還沒有好轉，請儘快就醫。發炎的抗生素療程通常要一個星期，再配合正確洗耳的方法。因此建議在一個星期的療程後複診，確認是否治癒。

幫狗狗洗耳朵的方式

狗狗的耳部結構和人類的不同，他們有垂直耳道，耳道呈L型，也就是因為中間有個90度的轉角，所以不建議用棉花棒往裡面擦。不少飼主都會擦傷耳道狹窄的部位或轉角處，造成細菌感染。這也是動物使用耳溫槍不準的原因，由於垂直耳道仍然屬於身體外部，耳溫槍無法像探測人耳一樣探測到橫向耳道最深處的中心溫度，因此獸醫都是以測量肛溫為主。

狗狗耳部結構

既然狗狗的耳道呈90度，那要怎麼洗才洗得乾淨呢？很簡單，買一瓶水性的洗耳水，把狗狗外耳殼拉直拉緊，在耳洞內倒入洗耳水到滿出來為止。這時一定要抓緊耳朵，不然狗狗會大力甩頭，一不小心你就會滿臉洗耳水了！當洗耳水滿出來時，用手指沿著耳殼軟骨往深處按摩，可以按多深就按多深。若感覺手指按摩到一個軟骨管，同時

如何幫狗狗洗耳
https://youtu.be/BK1Y_5Rt6V8

出現水流聲，就代表你按對了！按摩15秒後，如果你不想整個房間被撒滿耳垢的話，再塞個棉花球在耳朵附近，最後讓狗狗自己把水甩出來，再抹乾耳朵附近的髒東西和雜毛就大功告成！若是棉花球很髒，代表仍有很多髒東西在耳道裡，建議多洗幾次，直到棉花球乾淨為止！

正確的洗耳朵比任何抗生素都有效！因為耳朵裡溫暖潮溼，一定有細菌及酵母菌等微生物，但這些細菌、酵母菌都會跟狗狗和平相處。狗耳道有一層耳臘可以隔絕這些微生物的感染，每天耳油、耳臘會自動向外生長，直到推出耳道。所以保持耳朵裡的酸鹼度，不讓細菌或酵母菌失去平衡才是重點。

🐾 狗狗的耳毛要不要拔

很多人會問貴賓貴婦或史納沙（雪納瑞）需不需要拔耳毛？在外國乾爽的地方，是絕對不需要，因為拔毛一定會損傷毛囊，提高附近細菌感染的風險。但在香港、臺灣這些極度潮溼的地方，水氣溼氣比較難排出，若有不斷復發的外耳炎時，只能拔耳毛方便徹底清理。此外，若耳毛真的太濃密，可用剪刀稍微修剪，但小心不要傷到耳道。耳朵如果味道很重，請定期洗耳朵。用酸性洗耳水減少細菌及酵母菌的孳生，一個星期洗一次至兩次就夠了，太常洗也容易破壞耳道裡面的生態，造成發炎或感染！

不過，通常只要不是耳朵進了雨水或洗澡水，破壞了耳內的生態，耳朵並不是容易發炎的地方，一般情況我會建議不要拔，以免毛囊受損，使附近的細菌有機可乘，感染受損的毛囊。更別提狗狗因為拔了耳毛不舒服而用後腳去抓，也會造成耳朵受傷發炎。

這裡整理出網路上飼主時常詢問的相關問題給讀者做參考。由於每一種疾病與狗狗健康狀態各有不同，因此當發現愛犬出現疾病徵兆時，請務必先送至動物醫院做檢查治療。

Q 我每星期都將洗耳油滴在化妝棉上清潔寶貝的耳殼、耳孔（我手指可伸到處）。用過後的化妝棉一向都很乾淨，請問是否代表裡面也很乾淨？

A 用化妝棉僅洗得到垂直耳道的外部，洗不乾淨整個耳道！而且洗耳水若是油性，狗狗甩頭很難甩出來，也不建議倒進去。

Q 我家狗狗最近耳朵紅紅，生了一粒粒黑點，請問是不是什麼病？

A 耳裡紅紅的可能有外耳炎。若他成天甩頭或搔抓耳朵，請正確清洗耳朵。黑色點點應該只是黑頭而已。

Q 我的狗狗因耳朵發炎就醫，醫生說狗耳血腫，需要開刀。請問是怎麼回事？

A 耳血腫是當狗狗耳朵發炎又甩頭時，耳朵撞到堅硬物體，如茶几等造成的血管爆裂。開刀的處理方式是開個大洞，其他地方用線連繫，讓耳朵不再腫脹，又能讓血流出。若洞開得不夠大，有時很快又會充血。另外，若外耳炎沒醫好，狗狗依舊成天甩頭，就會有不斷爆血管的可能，所以手術是治標，醫好外耳炎或其他令狗狗甩頭、抓頭的原因才是治本！

清潔的耳藥水會讓狗狗不舒服嗎？每次幫我家狗狗點耳藥水都會一直掙扎。點清潔用的耳藥水有必要嗎？聽說點耳藥水會傷肝、腎，是真的嗎？

 狗狗的耳朵進水，跟人類的耳朵進水一樣不舒服，按摩以後將水甩出來就不會再刺激狗了。這跟洗耳液的成分沒太大的關係，清潔用的叫洗耳液，耳藥水是有藥性的，通常只有在比較嚴重的外耳炎時，由獸醫師開立。清潔液對狗狗的身體完全沒有影響，但耳藥水裡面偶爾會有比較厲害的抗生素，如 Gentamicin 之類。這類抗生素威力強，不應內服，會破壞腎臟，若只單純用在耳道，則無需過度擔心！

 我家的狗狗怕冷，冬天睡覺時，手腳很冰，鼻、耳也是冰的，還得給他穿兩件棉襪呢！雖然她的毛較短，但也不至於冰得這麼厲害啊！請問可吃些什麼給予幫助？

 狗狗的鼻、耳本身就是散熱的地方。狗狗不會出汗，就是靠鼻子上的水分及口水揮發散熱，所以這些地方冰涼完全正常，不代表狗狗很冷，除非狗狗發抖或體溫低於37.5度，不然太過注意保暖，反而可能讓狗狗過熱！

狗狗為何眼睛白白的？

狗狗眼睛泛白，稱為「核硬化」，也就是眼球裡面水晶體的纖維因擠壓增生，而沒那麼透光，但對於狗狗的視力毫無影響，不需擔心！

若瞳孔白白藍藍的，但追球或吃東西完全沒問題，平時也不會撞到牆，那就只是正常的水晶體老化。幾乎所有狗狗或多或少都會有，從五歲開始到離開為止慢慢加深，不會影響視力！

輕微核硬化

核硬化通常兩隻眼睛變化的程度差不多，很少會一隻很透光，另一隻很白，這種情況比較可能是白內障。白內障通常是遺傳性的，很多小狗一出生就白了。當然也有糖尿病或受傷引起的，但是白得很快，而且視力會快速下降。

狗狗得到白內障的治療方式

若狗狗有白內障，必須做ERG，也就是「視網膜電波圖」，看看視網膜是否仍接受的到光。若視網膜太久沒受光，會退化到就算手術之後受了光，也有看沒有到，所以必須做ERG確認視網膜沒問題才做手術。

手術會破壞狗狗眼中的晶體，再將破壞後的晶體吸出，最後放入人工晶體，整個手術過程通常15分鐘就可以完成。不過絞碎晶體及吸出的設備非常昂貴，不是每間診所都有，因為願意幫狗狗做白內障手術的飼主很少。狗狗仰賴聽覺、嗅覺多過視覺，所以狗狗即使有白內障，通常也能適應得很好，很多飼主也因此覺得不必要做手術。而過分成熟的白內障會往前阻塞房水的出水口，導致眼壓增高，發展成「青光眼」，就算做了手術也可能有併發症出現，所以手術並不一定是最好的選項。

無論如何，基本上所有年紀大的狗狗，眼睛或多或少都有核硬化的問題，所以獸醫們已經見怪不怪，輕描淡寫的解釋也只是因為不想讓飼主過於擔心。若非病態的白內障，大多都只是正常的水晶體老化而已！

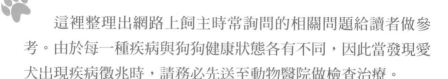

狗狗飼養 Q&A

　　這裡整理出網路上飼主時常詢問的相關問題給讀者做參考。由於每一種疾病與狗狗健康狀態各有不同，因此當發現愛犬出現疾病徵兆時，請務必先送至動物醫院做檢查治療。

Q 請問點眼藥可以治療或減緩核硬化發生嗎？還可以做些什麼幫助延緩退化？

A 補品、抗氧化只有一點點作用，用處不大，因為眼球裡面吸收不到。如果真的想延緩退化，可以幫狗狗戴太陽眼鏡，防紫外線。我有隻狗在澳洲就整天戴太陽眼鏡，剛開始當然會想甩掉，慢慢就習慣啦！只是很搞笑，路人會圍觀。但是如果有看不到東西的情況發生，可能是年紀大，視神經退化，不一定是水晶體退化，要檢查後才能確認！

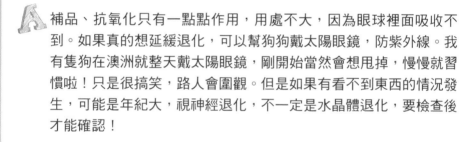

Q 請問狗狗乾眼症無法治癒嗎？聽說能開刀將唾液腺拉到眼睛做連結，利用唾液腺來溼潤眼睛，但會好的機率是一半，也不保證能不能成功。

A 我們之前做過一個口水腺接駁手術，目前為止相當良好。一有東西吃，就從流口水變成流眼水，眼睛就不再瞇瞇眼囉。

Q 請問我家的狗會一直用腳去抓眼睛，還會用眼睛去磨籠子的欄杆。眼睛下的眼皮已經發炎了。有什麼解決的方法嗎？

A 給他戴頭罩，並努力幫他保持眼眶附近乾爽。

我的狗因受傷，眼球掉出來，導致眼角膜潰瘍。有醫生建議先將眼球取出，清洗乾淨後再放回。請問可行嗎？

 基本上眼球跌出，表示視神經遭到拉扯已經壞死，狗狗已經看不到了！眼球有無壞死就很難講，但通常都建議儘快全眼球摘除，避免感染或讓狗狗痛苦。

至於洗淨後放回，如果眼球有清洗乾淨才放回，比較不用擔心敗血症或腦膜炎。不過真的要確認眼球未壞死，不然放回一個壞死的組織，只會造成更大的傷害。角膜潰瘍問題不大，因為神經壞死了，也不太會痛，只是不要讓潰瘍再擴大，以免眼球穿洞漏水，這時想保住也沒用了。如果眼球穿了，自然會萎縮，但我仍建議第一時間取出，因為狗狗沒了視覺，很容易讓那顆眼球撞到東西，也不會眨眼，在角膜受傷之後可能惡化穿洞，結果還是要摘除。

 我的狗有輕微心臟病，請問打麻醉做眼球縫合手術會有危險嗎？狗狗的眼球壞死跟眼球掉出來太久有關嗎？

 通常不會縫合。輕微心臟病和麻醉無太大關係，只要沒有昏倒或一興奮就不斷咳，通常手術都沒什麼危險，至少我的經驗是如此。眼球掉出時，神經血管可能都被扯斷了，沒有血液供給眼球，眼球本來就會壞死，跟掉出來多久沒有關係。掉出來太久、太乾會造成角膜潰瘍，潰瘍會痛，不過還是沒有眼球肌肉被扯斷那麼痛。這種情形通常會裝假眼或直接摘除，復位意義不大，特別是如果跌出來的眼球有髒東西附著在上面，卻沒有徹底消毒清潔，很可能感染變成腦膜炎，風險更大！

 我家高齡狗最近眼睛充血看不見，請問該怎麼辦？

 眼睛充血和看不見有可能是青光眼，也就是眼壓過高。高齡狗也可能是單純的視神經退化。而眼睛紅是結膜炎等問題，這些都得給醫生檢查後才能確認。

 我的狗狗約五歲，與他對望時，會發現他的左眼瞳孔是綠色，是因為眼睛有問題嗎？

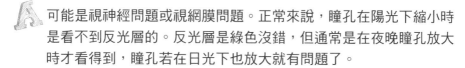 可能是視神經問題或視網膜問題。正常來說，瞳孔在陽光下縮小時是看不到反光層的。反光層是綠色沒錯，但通常是在夜晚瞳孔放大時才看得到，瞳孔若在日光下也放大就有問題了。

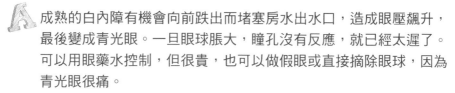 我朋友有隻狗，原本只是白內障，但醫生說早期什麼都不能做。昨天眼睛卻不能張開，再帶去看醫生，醫生說狗的眼睛不只白內障那麼簡單，眼壓有80幾到90度，要等到眼壓回到20度以下，但眼睛應該已經瞎了，需要換假眼，請問是真的嗎？

成熟的白內障有機會向前跌出而堵塞房水出水口，造成眼壓飆升，最後變成青光眼。一旦眼球脹大，瞳孔沒有反應，就已經太遲了。可以用眼藥水控制，但很貴，也可以做假眼或直接摘除眼球，因為青光眼很痛。

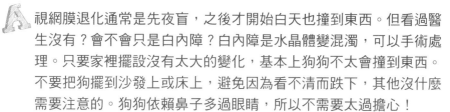 家中八歲長毛臘腸目前眼睛慢慢退化，看不太到，有時會撞牆。聽說此病是遺傳。之前有開過刀及洗牙，請問是否有影響？日後若看不到，可有醫療或照顧之建議事項？

視網膜退化通常是先夜盲，之後才開始白天也撞到東西。但看過醫生沒有？會不會只是白內障？白內障是水晶體變混濁，可以手術處理。只要家裡擺設沒有太大的變化，基本上狗狗不太會撞到東西。不要把狗擺到沙發上或床上，避免因為看不清而跌下，其他沒什麼需要注意的。狗狗依賴鼻子多過眼睛，所以不需要太過擔心！

專欄
櫻桃眼的治療方式

　　櫻桃眼，正式名稱是「第三眼瞼腺體脫出」。狗狗除了上、下眼瞼外，還有一個在內側眼角的「第三眼瞼」。其實人也有，不過我們已經退化成一粒肉粒！

　　第三眼瞼有塊軟骨，下面有淚腺。當上、下眼瞼無法保護眼睛時，會突出來成為保護。所以有時獸醫在檢查狗狗受傷的眼睛時，會被第三眼瞼給擋住。角膜長期受損，可以做小手術，將第三眼瞼和上眼瞼黏住一兩個星期，讓受傷的角膜得到充分休息及滋潤。

櫻桃眼治療前後

　　罹患櫻桃眼的狗狗模樣很嚇人，但其實只是第三眼瞼的淚腺突出而已。通常主要是影響外觀，但若是突出太大會摩擦到角膜。一般的做法是在第三眼瞼後面做一個小口袋，將這個突出的淚腺塞進去，縫合後就搞定了。

不過有些醫生的治療方式是將整個淚腺剪掉。剪掉淚腺容易造成狗狗乾眼症，因此不太建議這麼做。若只是突出一點點櫻桃，可以不用理會，不一定會造成什麼影響。可以等到需要洗牙或因為其他治療需要麻醉時再一起處理即可。很小的櫻桃眼也有自己復原、復位的例子，無須過分緊張。這是一個看起來很嚴重，實際上很輕微的問題！

　　也有人問過，角膜受損在香港有Contact lens（隱形眼鏡）的治療技術，效果應該比封眼更好、更快？

　　是的，隱形眼鏡確實比較容易放入，不過仍需要麻醉。而且無論多麼透氣，隱形眼鏡的透氧量絕對遠不及自己的組織。隱形眼鏡只是用來保護角膜，但自己的組織有血管在附近，可以運送氧氣及營養給角膜，讓角膜進行修補。此外，若隱形眼鏡意外脫落，為了再戴上又得進行一次麻醉。這邊有一份報告就是關於狗狗做了手術，帶了隱形眼鏡，還是遮不住的例子（請參閱：http://www.ncbi.nlm.nih.gov/pubmed/2209015/）。新的技術的確增加方便，減少麻醉時間，但不一定可以取代舊的做法。

夏日該不該幫狗狗剃毛？

　　網路上叫人不要幫狗狗剃毛的文章很多，這個議題可以深入來討論。

剪毛不等於剃毛

　　我認為夏日是可以幫狗狗剪毛的。剃毛和剪毛的概念不同，剪毛是幫狗狗的毛做修剪，減少廢毛與過厚的毛堆在身上；剃毛是幫狗狗脫光光，幾乎將皮膚裸露在外。像是白毛的西摩（薩摩耶犬）或大白熊等犬種的皮膚對紫外線特別過敏，若將他們的毛剃得太短，容易造成皮膚癌，建議這類狗狗應留一層至少兩公分的毛，保護他們的皮膚。

　　不過長毛狗，如哈士奇、博美、邊境牧羊犬等，都是有雙層毛的狗種。會生長出雙層毛是因為他們原本居住在非常寒冷又乾燥的北方，這些地方即使是夏季也不會熱到哪裡去，夏日時分只需將濃密的底毛脫除就很舒服了。只是現在這些狗種被帶到潮溼又炎熱的臺灣或香港飼養，厚厚的剛毛會將溼氣、熱氣完全留在皮膚表層，

因此這些狗種在多雨的春天，很容易有膿皮症及溼疹。在炎熱的夏天，如果沒有剪毛，就只能在家裡猛吹冷氣，邊吹還得用嘴不停的喘氣，大家都知道狗狗不會流汗，無法靠揮發汗水帶走身體的熱，僅能靠鼻腔及嘴部的水分揮發散熱。若再加上厚重體毛阻隔熱氣與溼氣的流通，我認為這對狗狗來說無疑是種折磨！

極地狗狗的底毛的確可以隔絕熱氣，但香港、臺灣的室外溫度一般最高也不過37、38度，狗狗本身正常體溫卻是38.5至39.5度。如果在大太陽下跑完，溫度常常高過40度，因此在這些氣溫不超過38度的地區，底毛非但無法隔絕外界熱氣，反因隔絕了狗狗身體裡面的熱氣，使空氣無法對流，容易中暑。這就像是只有在中東地區，氣溫超過40度或50度的地方，人才會把自己整個包起來，隔絕外界熱氣。狗狗的底毛也要在這個時候才有功效！

🐾 短吻部犬種的散熱問題要特別留意

若飼養的是鬆獅犬，這種有底毛，口吻部又短，難散熱的狗，就更要注意，請儘快將毛剪短。這類狗種就算在家裡吹冷氣也有機會中暑，因為鬆獅犬的鼻子結構跟其他短鼻狗，如巴哥及北京犬相似，都很難藉由口鼻腔散熱，若再加上悶熱厚重的毛髮，簡直就是玩命！天氣炎熱，短鼻狗嚴禁在中午出門，就算只有五分鐘的路程也不能。很多巴哥只因外出剪個趾甲或走去商場就中暑身亡。

一旦中暑後，我試過救回幾隻，但最後都因為DIC（泛發性血管內血液凝固症）而在幾個鐘頭後全身出血死亡。只有兩隻英國老虎（鬥牛犬）因鼻子不算太短，加之飼主及時給他水喝，並緊急送醫才救了回來。巴哥即使救回來，最後也都幾乎因為全身器官熱衰

竭而亡。所以預防重於治療，巴哥、北京犬在盛夏的白天千萬不要帶出門散步，夜晚散步也要適時補充水分。

也有網友分享過自己家中飼養鬆獅的經驗，原本該名網友也會在夏天幫狗狗剪毛，但是因為一些理由而連續兩年沒有幫狗狗剪毛，卻發現在同樣的冷氣溫度和風扇下，狗狗每次逛街後喘氣的時間縮短了。他表示自己會勤梳毛，保持狗狗體毛的空氣流通，讓體毛起到隔熱和保暖的作用。

不過我是這樣認為的，勤加幫狗狗梳去廢毛的毅力值得讚賞，但是隔熱作用只有在室外溫度遠高於體溫時有用，如阿拉伯人會包頭巾及穿長袍，是因室外溫度在50度上下，而自身只有37度，故希望將熱氣隔絕在外。狗狗的體溫約在39度，臺灣、香港的溫度在未來不知道，但目前幾乎沒有熱到超過39度的情形，因此隔絕熱氣這種說法不太合理。且臺灣、香港的溼度高，高溫又潮溼的皮膚容易發炎，所以剪毛應該是利大於弊。關於這個論點，也有網友用自己在寵物店工作的所見所聞表示認同，只要飼主沒有時常幫狗狗梳毛，狗狗的皮膚病問題常常會嚇到第一線的寵物美容師。

建議長毛狗種的飼主，無論狗狗是單層毛或雙層毛，都應該要在春、夏季做修剪，目的是為了讓狗狗的毛層乾爽通風。可以留一點毛，不用剃到只剩皮膚。而幫狗狗散熱最快的方法是直接用冷水洗胃、灌腸。腹部因為貼近內臟器官，所以修剪腹部的毛與灑水都有利散熱，這一點狗狗自己也知道，所以很喜歡把自己的肚子貼在涼快的地面或泡在水中。當然也不是所有的狗狗都需要剪毛，例如柴犬是日本北邊的狗種，雖然也有兩層毛，但毛不長就不一定要剪。雪橇犬是極地動物，毛長中等，雖然狗嘴是長的，散熱能力不差，建議夏天還是要做個修剪比較好！

夏日怎麼對付
烏蠅蟲（蠅蛆病）？

夏天到了，又是獸醫捉蟲的季節了！

🐾 烏蠅蟲的感染原因

　　香港話的烏蠅是臺灣話的蒼蠅，而烏蠅蟲就是蛆，這邊分享的是烏蠅在動物傷口或組織內產卵孵化的蠅蛆病。

　　只要任何有傷口、有烏蠅的地方都可能會受到感染。雖然烏蠅蟲的傷口很噁心，很恐怖，會讓很多飼主嚇到花容失色，但烏蠅蟲真的只是小事！只要帶狗狗去獸醫院捉蟲、清理傷口就好。不過之後一定要讓狗狗留在室內，不要再讓烏蠅蟲產卵。

　　就算在室內，如果沒有紗窗、蚊帳，都還是有機會遭到感染。若是不吃藥、打針，至少要清洗傷口，畢竟有烏蠅蟲的傷口通常很大、很深。能吃抗生素保護傷口最好，因此還是建議帶去給醫生捉下蟲和開個藥，但花幾萬元，讓狗狗留院吊點滴就沒必要了，除非家裡沒有地方可以讓狗狗靜養。

　　若住在烏蠅比較多的地區，如香港北區、新界區或臺灣南部，

就算狗狗身上只有小小的傷口，也請儘量讓狗狗待在室內，等到傷口癒合後再讓他外出，就不會有這種可怕又噁心的問題。

烏蠅蟲的治療方式

獸醫會用止血鉗捉蟲，飼主可以用夾眉鉗。烏蠅蟲有畏光性，但需要透氣。因此若最外層的蟲子捉光了，可以用消毒藥水清洗傷口之後等一等，蓋住傷口不要有光，之後裡面的蟲子會跑出來透氣，就能再繼續捉。我記得讀書時，教授說過可以用油悶死他們，因為油會堵塞蟲的氣孔，讓蟲子無法透氣。不過，實際操作後感覺用處不大！而且蟲子可以閉氣好久都不死。因此只要蓋住傷口，在沒光又沒氣下，蟲子自然會跑出來啦！

烏蠅蟲由蛆變成烏蠅的生命周期只有短短一星期，所以獸醫怎麼捉都捉不乾淨。但只要將狗狗留在沒有烏蠅的環境一個星期左右，所有的蟲子都會鑽出來死光，傷口會慢慢癒合，無須進行手術或任何治療處置。捉蟲或吃藥主要是讓蟲量減少一些，幫助傷口癒合，並沒有多大作用。

為何冬天
特別容易奪命呢？

「冬天」是很多北方種的狗狗在香港、臺灣最愛的季節，但每天打開FB，幾乎都有狗狗走掉哀悼的貼文。為什麼？

🐾 冬季對狗狗身體的影響

1. 針對高血壓、心臟病、腎臟病，醫生都會開血管放鬆藥來增進循環，但若是天氣寒冷導致血管收縮，這些藥的功效就會大打折扣，因此很多心臟病、腎臟病的案例都是在冬天惡化。腎臟病狗狗的飼主請密切觀察寵物的飲水量、尿量及胃口；若是心臟病，記得要數數狗狗睡著時，每分鐘呼吸的起伏，次數不能超過二十次，若超過，請儘快就醫！

2. 天氣冷，除了會造成血管收縮，肌肉也會寒冷僵硬。狗狗因為飼主回家而從睡眠中突然起身，除了對心臟不好，容易昏倒之外，也會因為缺乏熱身而引發腰痛、頸痛、十字韌帶斷裂等運動傷害。人做運動前都會暖身，但小動物通常會因為興奮而直接活動，非常傷害心臟與四肢肌肉及關節！如果狗

狗屬於容易興奮型，回家前可以通知家人將其抱起，避免狗狗暴衝昏倒或受傷！

3. 天氣冷，水很冰，狗狗不喜歡喝水。不喝水則尿少、尿濃，細菌容易感染膀胱、尿道。此外，天氣冷，不少飼主懶得出門，忘了帶狗狗尿尿，又喜歡窩在室內與狗狗有福同享啃零食，因此狗狗到冬天特別多尿道炎或膀胱結石。加之，母狗因尿道較短，開口又近肛門，細菌較易入侵，且月經來時，又會舔陰部，造成口水內的細菌入侵尿道或陰道，引發頻尿、血尿、尿不出來等症狀。公狗因為尿道較長，較少機會罹患單純尿道炎，卻常因結石刮損尿道、膀胱，使細菌趁隙而入，引發尿道炎。此外，公狗也會因處處留情而造成尿道受傷感染。公狗若突然完全沒尿，建議六個鐘頭內儘快就醫，因為尿道可能已經完全堵塞住了。若堵塞超過八個鐘頭，狗狗或多或少會開始出現尿中毒的跡象，不吃東西且嘔吐！

改善冬季對狗狗身體造成問題的根本解決之道就是灌水！有空就給狗狗灌些溫水，並多帶狗狗出去尿尿，儘量少給他們零食吃，減少晶石成分的攝取，也順便減肥。

🐾 呼吸道照護與保暖

冬天氣候會變得乾燥，會引發很多呼吸道的問題。不少狗狗若一早醒來就會咳幾聲、清喉嚨，可能有心臟病、肺積水。但若是冬天才會這樣，就很可能只是天氣太乾燥。經過一夜又乾又冷的空氣侵害，分泌物黏在氣管或喉嚨內造成不適，進而造成氣喘、乾嘔。

家中動物若呼吸道較弱，容易咳嗽、鼻涕濃稠，建議可以在晚上開加溼器，溼潤呼吸道，減低鼻涕及氣管分泌物的黏稠度，幫助排出，減少咳嗽或打噴嚏的頻率。

關於呼吸道的照護，可以簡單提一下肺纖維化。除了高齡犬多少會有點肺纖維化的狀況外，肺纖維化其實是肺部受傷，自我修補的一種機制。除了西高地白㹴可能有遺傳性的纖維化問題外，其他犬種都應該找到傷害肺部的原因以阻止惡化速度。可以使用類固醇治療，但在用藥前要做 Transtracheal wash 或 BAL 的測試，將肺部細胞或細菌抽出來，看看是否有感染、有沒有蟲或是其他問題導致肺部纖維化。若都沒有，才能使用低劑量類固醇，阻止纖維化惡化的程度。需要做測試的原因在於，若是因慢性支氣管炎等感染性問題造成的纖維化，吃類固醇降低免疫系統只會讓細菌更加猖狂，引發嚴重肺炎，甚至導致狗狗死亡，所以千萬要小心！若狗狗呼吸道有問題，除了獸醫的治療之外，飼主可以從控制狗狗的體重著手，減肥對氣管與呼吸都會有幫助。

有些飼主天氣一冷就會給小朋友穿衣服。然而，大部分的寵物衣服開洞太多，保暖效果有限，又很緊，容易讓寵物悶出皮膚病。建議室內設置恆溫裝置或暖爐，讓室內環境變暖，會比家裡冷冰冰，雖然穿上厚衣，但毛小孩的腳底板依舊凍冰冰，頭部散熱最快的地方也沒保暖到還要好。這建議雖然很不環保，但為了毛小孩，儘量以暖爐或暖氣改善室內溫度會比較好。若實在很擔心，想知道毛小孩到底冷不冷，可以買溫度計量量看肛溫。

如何急救？
飼主一定要會的CPR！

　　我記得有一次急診來的是一隻好大的萬能㹴。到院時基本上已經DOA（Dead on Arrival 到達時已死亡）了，沒有任何心跳、呼吸及眼皮反射。我馬上幫他插管，打強心針，開始做心臟按摩。小狗的心臟按摩比較簡單，只需用手掌按摩，但大狗就必須用整個身體的力量去按摩，同時需要一個護士幫忙在插喉的管子裡吹氣。按摩了差不多有十分鐘，我的汗都溼透了衣服，那隻狗仍無心跳。但看到女飼主傷心欲絕的樣子，我拚命擠出所有的力氣，努力按壓。遺憾的是，最後只能跟飼主說，對不起，真的盡力了。

　　據說狗狗早上還在吃東西，我也發現他氣管中還殘留有食物，誰知道明明早上還活蹦亂跳的寶貝毛孩，沒一會就走了，這讓飼主怎麼接受？但是說實在的，這不是第一個案例了，狗飼料走錯路，走到氣管中。若只有一顆，咳一咳就出來了，但若是一整口，後果就是窒息，常發生於灌食或吃東西吃得太快的狗狗。

　　無論獸醫院離你家多近，只要不馬上採取行動，到獸醫院後多是DOA！

🐾 幫狗狗CPR的方式

各位飼主注意了，狗狗若吃東西吃到一半，突然呼吸困難，舌頭變成藍紫色，請馬上把狗狗抓起來倒吊。大狗的話就把屁股抱起來，用力拍他的胸部；或用手強力按摩下胸第四、五節肋骨附近。當緊急狀況發生沒時間數時，直接把狗狗的手肘往後面胸部推。手肘頂點位置就是心臟大略的位置。大狗要用拳頭敲擊，配合兩隻手做心臟、肺部按摩；小狗一隻手就可以按到，若按到累時可以換手。動作不能太過粗暴，避免弄斷肋骨。重點是倒吊，若非卡得太嚴重，通常這樣處理都會有效。

若還是呼吸困難，舌頭顏色也沒轉成漂亮的粉紅色，務必趕快送醫，但在途中還是可用手幫他按摩呼吸，這樣獸醫接手時，救回來的機率才會高一些。

這些突然走掉的狗大多是健康沒問題的狗。突然走讓很多飼主都無法接受，會比久病纏身的狗走了更缺少心理準備。所以為了避免悲劇發生，請各位爸爸媽媽要記得CPR的動作，勿讓小小意外變成永生遺憾！

也有飼主在網路上問到，小狗被車撞倒後一直流鼻血，從撞倒到送醫約三十分鐘。到院時狗狗已經沒有意識。醫生發現他上顎牙齒邊的肉變白、舌頭變白，壓他腹部時，又流鼻血，因而判定狗狗沒救了，不進行急救。事實上，狗狗若被車撞過，通常會伴有大量內出血，基本上我們除了看牙肉血色外，還會聽心跳、測試眼皮反射。單憑牙肉白和流鼻血無法判定，因為有時休克也會牙肉白。只要還有心跳、呼吸，都還有機會。當然若在送醫途中已無心跳、呼吸超過兩分鐘，機會就微乎其微了！

第**2**章

就醫診療

毛囊蟲與疥癬蟲

在第一部分討論過如何對付夏日常困擾飼主的烏蠅蟲問題,事實上還有不少疾病是因蟲蟲引發,這些問題不僅飼主難以對付,往往連獸醫也束手無策。這篇就先談談很多小狗一買回來或剛領養回來都會有的掉毛及搔癢的問題。

這些通常都是這兩個兇手——毛囊蟲和疥癬蟲所造成的!

老實說,這兩種蟲我第一次見到都要笑出來,有點像七爺八爺,一個瘦瘦長長但腳短短;另一個圓滾滾,但腳的觸鬚很長。我在想,這兩個看起來這麼可愛又無害的東西能帶來什麼傷害呢?但學過之後才發現,原來小時候街上看到的流浪狗,身上一塊塊牛皮一樣的東西,以及流浪狗會不停地搔癢的原因,就是這些不起眼的小蟎蟲所引起的。

🐾 疥癬蟲與相關疾病

疥癬蟲不像壁蝨或跳蚤一樣會潛伏在狗狗的睡墊上或其他家具裡。主要都是經由直接接觸而感染,例如寵物店剛買進的狗,或去

寵物店剪毛、洗澡時感染。人也會被感染，不過還沒聽過哪位飼主說狗狗癢，自己也會發癢。一般肉眼看不到這圓滾滾的小東西，就算拿刀片刮皮膚，看到的機會也相當微小，因為他會鑽進皮膚的真皮組織裡面躲起來，因此要找到他們是難上加難！他們數量不一定多，但一兩隻就會癢起來要狗命。雖

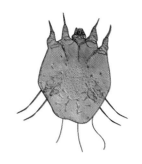

疥癬蟲

然他們最常出現的地方都侷限在耳朵邊緣和手肘外側，但有些狗會對他們產生過敏反應，致使全身的皮膚都紅腫起疹子。

在港臺，剛買回來的小狗身上，幾乎40%左右都有疥癬蟲。疥癬蟲雖不容易尋覓，其引發的症狀卻相當容易判斷。第一，狗狗一定會很癢很癢，癢到就算你跟他玩得很起勁，都會停下來抓個不停。第二，耳朵邊緣會有皮屑以及結痂。用手搓揉耳朵邊緣時，被感染的狗狗後腳會不自主地抖動，因為抓到他的癢處了。通常看到這兩個症狀，就能確定是疥癬蟲在搞鬼了。因為其他皮膚病真的很少會有如此局部的現象，而且疥癬蟲所造成的搔癢無病能敵，因此相當明確。

而事實上，疥癬蟲容易殺滅且用藥十分安全。只需用殺心絲蟲的「輝瑞寵愛Revolution滴劑」和「拜耳新藥ADVOCATE®心疥爽」滴劑，隔兩個星期滴一次即可。通常在滴完一個星期左右，疥癬蟲已經死傷大半，狗狗也停止抓癢了。有些醫生會以針劑來控制，但危險性較高，效果也沒有比較好，況且狗狗還要多挨幾針，其實沒多大必要！

🐾 毛囊蟲與相關疾病

毛囊蟲

毛囊蟲，顧名思義就是躲在毛囊裡的蟎蟲。你看他的腳這麼短就知道他不可能跳或爬太遠！所以毛囊蟲也是皮膚接觸傳染，通常是狗媽媽傳染給小狗。偶爾抵抗力不錯的大狗，在跟其他狗狗接觸時，也會不小心感染到。

毛囊蟲的分布不像疥癬蟲明確侷限於耳部，較常發現在腳趾、腳掌、和臉部。毛囊蟲會刺激毛囊造成油脂大量分泌，使毛囊發炎紅腫。如果沒有治療，會因皮膚長期發炎刺激，而增生變厚，造成脫毛以及如象皮般厚的皮膚。毛囊蟲比較不會像疥癬蟲一樣造成全身性的極度搔癢，但被感染的部位會很不舒服，狗狗很可能會不停地舔手舔腳。象皮化以後，也會造成二次性的皮膚溼疹及細菌感染，進而增加皮膚不舒服的程度，刺激狗狗不斷搔癢。

毛囊蟲的數量通常比較多。醫生只需要拿刀片把發炎的地方擠一擠、刮一刮，就有可能把毛囊裡的蟲蟲給刮出來，但通常要刮到輕微的滲血才行，而且還得同時刮幾個部位才比較有機會看到。

然而，治療毛囊蟲就有趣不起來了！毛囊蟲超難殺死！這樣講可能不對，應該說，毛囊蟲數量太過龐大，要全部殲滅談何容易？目前坊間，還是以有神經毒性的Ivermectin（就是有醫生會打在狗身上來殺疥癬蟲的藥）做治療。不像對付疥癬蟲，只需一兩個星期打一針，對付毛囊蟲，需要天天奮戰！由於這個藥有些許神經毒性，腦血管阻隔不全的牧羊犬絕不能吃。就算非牧羊犬的其他狗種，天天吃這個藥，也會造成嗜睡、顫抖及疲倦等症狀。因此好的

獸醫會從最低劑量慢慢加到殺蟲的高劑量，讓狗狗有時間適應。

天天吃藥還只是小問題，麻煩的是通常要吃兩至三個月才能根治。正常的程序是吃完一個半月後，到獸醫院再刮一次皮膚，看還有沒有毛囊蟲。如果沒有，還得再吃一個月後，再刮一次。如果兩次都沒有，還得再吃一個月才是最安全。你或許懷疑這是醫生的詐財術。很抱歉，真的不是！因為我親身試過給狗狗吃了三個月藥，刮過一次沒有毛囊蟲，結果兩個月後，毛囊蟲又回來了的案例，所有的治療又得重頭來過。這樣反覆折騰，足足超過半年才治癒。所以治療毛囊蟲真的是欲速則不達，要有耐性才行！

如果養的是牧羊犬，又不幸感染毛囊蟲，請要有長期抗戰的覺悟！當然可以把每個月吃一次的心絲蟲藥（Milbemycin 倍脈心）改成天天吃，連吃三個月。但我相信毛囊蟲還沒死光，不少飼主就快窮死了！畢竟心絲蟲藥不便宜，天天吃的費用可不是人人都負擔得起！不過真的沒有其他方法可以徹底殺死毛囊蟲。

狗狗的毛囊蟲不會傳染給人，不過人自己有專屬的毛囊蟲。若你的狗狗有慢性毛囊蟲感染，且有象皮腫的傾向，除了餵食殺蟲藥外，一點類固醇和抗生素也是必要的！類固醇可消炎止癢，讓皮膚慢慢變回光滑細嫩。抗生素則用來控制因象皮腫的皺摺造成的溼疹以及二次性細菌感染。但千萬記得，類固醇不要吃超過一個月，否則會降低免疫力。免疫力低下的狗狗，就算殺蟲藥吃得再強、劑量再高，也無法殺光毛囊蟲。

最近有很多人問我，新藥 Bravecto 既可以殺心絲蟲又可以殺毛囊蟲，是否推薦？目前看來效果是不錯，但外國有零星的中毒案例發生，而且我對於吃一次藥能撐三個月的效果有所保留，除非傳統藥物 Ivermectin 沒有用才會建議試試看。

狗狗飼養 Q&A

　　這裡整理出網路上飼主時常詢問的相關問題給讀者做參考。由於每一種疾病與狗狗健康狀態各有不同，因此當發現愛犬出現疾病徵兆時，請務必先送至動物醫院做檢查治療。

Q 因為天氣太冷和疥癬問題，所以還沒帶我家三個月大的柴犬去打第二劑疫苗。請問用了滴劑之後，會跟打疫苗衝突嗎？

A 滴劑與打針完全無關，無需等幾天才打，除非有嚴重的全身性問題如拉肚子、嘔吐、發燒等才不能打！

Q 從流浪狗收容所領回兩隻馬爾濟斯，很愛舔手跟搔癢，是過敏嗎？換無穀飼料會有幫助嗎？或是有什麼保養品可用？

A 夏天開冷氣、冬天用除溼機、天氣熱或出去返家後幫他們清理手腳，並用吹風機吹乾。若舔得厲害，麻煩給他戴頭罩，強制戒掉舔手的壞習慣。若手指中間很紅，可能要吃藥控制。拜託不要亂擦保養品，若全被舔光中毒，反而更慘！

Q 請問醫生，我看網站上有人說可以買「硫磺精」給他泡，會比較好一點，您會建議這樣嗎？

A 我個人經驗是硫磺精沒啥用，而且耳朵也泡不到。疥癬蟲容易殺，無需這麼麻煩，滴劑就可以處裡！

Q 我有兩隻貴賓狗，先發現一隻有疥癬蟲，又發現好像傳染到另外一隻。請問我每個月都有給他用Frontline plus，為何還會感染呢？

A Frontline只殺牛蜱與跳蚤，不殺疥癬蟲。Revolution殺所有外寄生蟲，但不殺牛蜱。通常疥癬蟲只感染幼犬，所以未打齊預防針前，又沒外放過的狗，我會建議先用Revolution。之後開始上街就一定要用Frontline，因為牛蜱會傳染致命的牛蜱熱！

Q 我家的巴吉度洗完澡後，皮膚紅紅的，且會一直抓身體，不過隔天紅會消失，但還是會白天、晚上持續搔腋窩、肘部。有時早起眼睛還會有黃色分泌物，偶爾伴隨噴嚏。上網查，好像得了異位性皮膚炎。針對皮膚病已打了兩星期的針，也買了疥爽，已滴完一管。清問是否洗完澡後毛一定要吹乾，且一星期洗兩次澡即可？

A 巴吉度眼睛出名的容易感染，所以洗澡一定要小心，勿讓水跑進眼、耳內！身處潮溼的臺灣，狗毛一定要吹乾，特別是腋窩、大腿內側及腳趾縫，否則很快就會有所謂的狗味，因酵母菌喜歡溫熱、潮溼又不透氣的地方。另外天氣熱，也要定期幫他擦拭這些容易潮溼的部位及吹乾！不是八分乾，而是全乾，但記得水、吹風機都不能太熱。洗澡一星期一次即可，否則狗狗容易皮膚過敏，因皮脂有保護皮膚的作用。所謂的異位性皮膚炎是亂吃東西或聞到過敏源，造成皮膚出現疹子，且這些疹子是全身性的，不太會只在腋窩等特定部位出現。

Q 我的狗狗兩個多月大，得了疥癬。目前有在打針、吃藥。請問Revolution或Advocate滴劑是滴在脖子沒掉毛處，還是直接塗在掉毛處？環境我用醫療酒精消毒可以嗎？我怕以後又復發。

A 不用打針、吃藥。滴在哪都無所謂，因為兩個鐘頭之內會經由皮膚吸收，使全身血液都有，疥癬蟲很快就會死光。酒精只殺得死細菌，連病毒都殺不死，更不用說疥癬蟲了，要用高濃度漂白水或醫院用消毒藥水才行。

請問肛門腺腫脹對小狗有何影響？他有時坐下會不斷用肛門貼地磨擦。

 單純磨屁屁，通常只是肛門腺腺體分泌過多，需要擠。但若腫脹，可能已經發炎要爆開了！不過等爆開再去看醫生，膿水會比較容易擠出！

 我家狗狗最近長了黴菌，每星期都洗一次Malaseb，但還是無法根除，請問怎麼辦？

 狗狗感染黴菌、金錢癬之類的問題，不建議幫狗狗洗澡，因為洗澡反而容易讓黴菌擴散的到處都是。直接餵藥兩個星期，並將附近的毛剃光，通常很快就好了。但若是成犬，很少有機會感染黴菌，通常是其他問題。

 我養了隻黃金獵犬，掉毛掉得很厲害，還有很多皮屑，怎麼辦？

 春天掉毛很正常，只要沒有地方呈現光禿禿沒毛就好。皮屑產生的原因很多，若沒紅疹，應該只是正常皮屑。記得一兩個星期幫他洗一次澡，之後要確實吹乾，皮屑問題應該會改善。

牛蜱熱的各種知識

談到難纏的毛囊蟲，就不能不探討一下更難纏的牛蜱。一講到牛蜱，就使人聯想到牛蜱熱，但是很多人並不清楚什麼是牛蜱熱，這其實是一種在臺灣與香港都相當常見的狗狗疾病，主要由牛蜱（壁蝨）所傳染。

🐾 感染牛蜱熱的原因

牛蜱比起跳蚤或蝨子都大很多。幼蟲只有六隻腳，但也有8mm大小；成蟲有八隻腳，跟蜘蛛一樣，肚子通常圓滾滾的。沒吸血前會扁一點，但吸完血，牛蜱的肚子就會脹得跟球一樣，是一種非常貪婪的昆蟲！狗狗如果去草叢或公園玩回家後，記得要把全身上下摸一遍，特別是垂耳狗的耳朵、下巴、腳掌和腹部，牛蜱會爬到草的頂端然後跳到狗狗身上。

牛蜱蟲（壁蝨）

若你家的狗狗是長毛種，又常外出玩，夏天建議你一定要修短

他的毛，第一較易散熱通風、第二較易摸到牛蜱。通常摸到時都是一顆小球，因牛蜱頭部的嘴器會深深鑽進狗的皮膚裡！拔出來時也要小心，不可太大力，避免拔出了牛蜱的身體，頭還深陷其中，那麻煩就大囉！

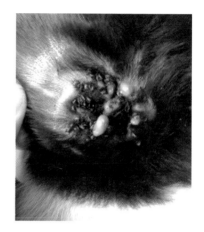

被牛蜱寄生的狗狗

造成牛蜱熱的原生菌就躲在牛蜱的口水中。當牛蜱分泌含抗凝血劑的口水來吸血時，牛蜱菌就會趁機進入狗狗的血液中，躲在紅血球裡開始繁殖。這時狗狗的白血球就會像發瘋一樣，為了殺死躲在紅血球中的牛蜱菌，寧錯殺一萬，也不放過萬一地開始狂攻紅血球。當然牛蜱菌也會破壞紅血球，但破壞紅血球的頭號要犯還是敵我不分，殺紅了眼的白血球！這時所有的測試都會指向自我免疫系統的溶血性貧血，其實主因是躲在紅血球裡的間諜！若剛染病，潛伏期通常一至兩個星期，但殺不乾淨，就可能潛伏終身！

🐾 牛蜱熱的預防與治療

預防牛蜱比較有效的藥應屬 Frontline Plus（蚤不到）滴劑，一個月一支，滴在頸部的皮膚上。這類藥劑在寵物店是禁止進口或販賣的，所以請不要在寵物店購買，避免買到假貨。使用時記得要撥開狗狗的毛來滴，不然狗狗的毛會防水，滴劑可能無法被皮膚吸收！點滴劑的前一天最好不要洗澡，洗去皮膚上的油脂，會讓滴劑比較無法吸收。滴完後至少得等八個鐘頭再洗澡，不然太快洗光的

效果也不好！牛蜱吸血時會一併吸到毒藥，十二個鐘頭之內就會掛點。而牛蜱菌通常需要牛蜱持續吸血三天以上，才會累積到足夠致病的數量，所以一般用滴劑預防就足夠了。但適時地幫狗狗全身按摩清潔，同時尋找牛蜱並即時拔除，能更有效預防牛蜱熱！

平常外面買的除蟲頸圈只對吉娃娃之類的小狗有效，因其預防的範圍有限，大狗的腳部和下半身根本就不在預防範圍內，所以不建議使用！

一旦狗狗感染到牛蜱熱，雖不是世界末日，但也夠慘的。一開始症狀不明顯，如食慾不振、精神不好、倦怠、偶爾嘔吐、尿尿顏色變深或有褐色或橙色的尿（溶血後的血紅素跑了出來），之後就會開始發燒，然後牙肉和舌頭蒼白，這時如果沒有緊急處理，可能會導致死亡！準確診斷的方法是抽血驗 PCR，準確度 100%。但若以前感染過且如今還帶原的話，PCR 也會顯示有牛蜱熱！

目前最新、最好的治療方法是用 Atovaquone 加 Azithromycin 做長期治療。有證據顯示小部分的狗狗會在兩星期後完全痊癒。但若用舊式的四環素（Doxycycline）之類的抗生素，只能暫時壓制牛蜱菌卻無法消滅它們，因此除非是中了艾利希體而不是焦蟲（Babesia），不然不建議使用！

另外，有些獸醫會建議把狗狗的脾臟割掉，這種處置方式真的跟醫界脫節了。確實有些牛蜱菌會潛伏在脾臟裡，但是脾臟其實是一個很重要的血液過濾檢查站，就像看守所一樣。移除了看守所，似乎就少了一些罪犯，但沒有看守所來關押在外面血液裡流竄的罪犯，罪犯只會更猖狂，牛蜱熱復發的機會就會大大增加！總之，千萬不要亂割脾臟，儘管很多人說脾臟是個無用的器官，但天生器官必有用！生物是不會浪費能量來保存一個無用器官的！

牛蜱熱有抗藥性？

很多獸醫常說現在牛蜱熱有抗藥性，其實大部分都是因為自作聰明造成。目前狗狗感染牛蜱熱，只要乖乖吃十天的 Azithromycin 加 Atovaquone，仍然有效！狗狗的牛蜱熱有三種，分別是 Babesia canis（大焦蟲，又名犬焦蟲）、Babesia gibsoni（小焦蟲）及 Ehrlichia（艾利希體）。但化驗所驗的 Babesia spp，代表 Babesia canis + gibsoni（spp = species，「種類」之意）。換言之，兩種中，只要中了一種，Babesia spp 都會呈陽性。不少醫生誤以為 spp 是一種細菌，跟飼主講狗狗中了兩或三種細菌。

Babesia（焦蟲）主要造成嚴重貧血；Ehrlichia 雖會造成輕微貧血，但也會引發嚴重血小板過低。gibsoni（小焦蟲）比 canis（大焦蟲）抗藥性高，所以現在香港基本上多數是 B. gibsoni（小焦蟲），不過殺的方法是一樣的！

對於焦蟲的抗藥性有相當多迷思，我認為目前並沒有所謂的抗藥性，因為小焦蟲本來就殺不乾淨。但只要藥物可降低數量到狗狗自己的免疫系統可控制時，牛蜱熱的問題也就解決了，殺不乾淨並不算是問題。此外還有許多人為因素造成抗藥性的假象，再加上錯誤的觀念，使真相更如霧裡看花，以下分享幾個誤導案例：

誤導一：弄錯藥。

有一間以便宜著名的醫院可能太忙了，把該吃一次的 Azithromycin 及該吃三次的 Atovaquone 寫顛倒，變成 Azithromycin 吃三次，造成中毒，而重要的 Atovaquone 只吃了一次，因此劑量不夠。另外藥丸形式的 Malarone 很容易讓狗狗嘔吐，很多狗狗吃

完沒多久就吐，所以劑量不夠，也是讓人誤以為有抗藥性的原因之一！既然醫囑要狗狗乖乖吃十天的藥，若是藥物兩個鐘頭內就被狗狗吐出來，一定要補回。千萬不要為了省錢或偷懶，結果殺不死細菌，反而要多吃一個療程的藥！黃金水若喝到天一半，地一半也記得要補足分量。

誤導二：類固醇。

不要再開類固醇了。若開了，吃一至兩天就要停，因為類固醇會降低免疫系統。在牛蜱熱剛開始最嚴重時，會有些免疫性的溶血，所以前兩天可以吃一點點類固醇。通常我只打針，不開藥。若吃類固醇超過三天，十天期的抗牛蜱熱藥的藥效就會變成不到七天。就像之前所說，藥物只能將牛蜱熱菌的數量減少，最後仍需靠狗狗自體免疫系統來清除剩餘病菌。若用類固醇壓低了免疫系統，狗狗如何清除剩餘的牛蜱熱呢？曾有位獸醫開了整個月的高劑量類固醇，造成我無法突然幫狗狗停藥，只能慢慢降低劑量，然後再讓狗狗吃一個療程的藥（該狗狗之前已吃過兩個療程）。換言之，所謂的抗藥性，有時是某些醫生造成的。我用的還是一樣的藥，只是少了類固醇，狗狗就沒再復發了。

誤導三：血小板的數值低。

這樣的事情我至少碰到三次以上。醫生帶狗狗進房抽血，飼主看不到抽血的過程。基本上，抽血應該在飼主面前抽，除非飼主怕血，自己選擇不看！抽血從入針到將血擠入抗凝血採血管內不得超過15秒，否則就會因為部分血小板已凝結，使結果產生誤差。有時抽血，血流出得很慢，但因為針頭已經穿過血管，所以醫生其實

是在抽瘀血（血管內漏出來的血），這些瘀血的血小板自然也會較少。下次若見到狗狗沒流鼻血或腹部沒有出現血斑，但血小板出奇的低，建議醫生先不要開類固醇，直接在你面前再抽一次血，看看他是否抽得太久了。

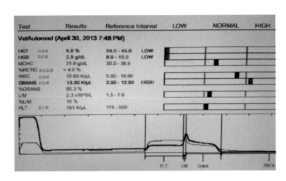

牛蜱熱造成的嚴重貧血驗血報告

誤導四：輸血。

貧血了，所以一定需要輸血？基本上，我有治療過至少四隻狗狗、一隻貓咪，HCT/PCV（血容積比）低到只有7.9%的經驗，不過打了一針類固醇，第二天精神就好得不得了。並不是建議所有的狗狗都不要輸血，但很多獸醫在PCV仍有15%時，就建議輸血。要知道輸入的血都是外來的，還會刺激免疫系統攻擊紅血球。輸血的效果只有一兩天不說，還可能會讓本來的貧血更嚴重，甚至變成免疫系統自殘造成的貧血。一旦Reticulocytes（網狀紅血球）夠，代表骨髓有在努力造血。只要阻止血球繼續被攻擊，數值很快就會回升，無須擔心！此外，若不是「非再生性貧血」，千萬別打EPO（造血素），完全沒有必要！

誤導五：驗PCR（聚合酶鏈鎖反應）。

吃完一個療程是否要再驗PCR，確認焦蟲（牛蜱熱菌）是否完全死亡？完全沒這必要！特別是中了B.gibsoni（小焦蟲），殺光的

機會幾乎是零，但狗狗的免疫系統會監視剩餘躲起來的寄生蟲，讓他們無法再引發牛蜱熱貧血。我會建議吃完藥，驗一次血球，隔三四天再驗一次。若停藥三四天，血球沒跌過5%，就可以放心了。

誤導六：牛蜱熱檢驗法。

檢驗牛蜱熱用看的就行？很多情況下有可能找得到，但這得視血液抹片做得好不好。做得不好，很容易有人為的氣泡出現，讓人誤以為是血球裡的焦蟲！所以基本上香港多是送化驗所，一兩天就有結果，但臺灣不少獸醫還是只用看的。請抽血，送化驗所驗DNA和PCR！

「死海泥」可預防牛蜱跳蚤？

近來網路上有飼主爆料，說有人假稱獸醫，向飼主推銷「死海泥」，可以驅蟲、消炎。

關於死海泥，我們可以來分析一下。

1. 死海泥有護膚功效沒錯，高濃度的鹽分可令皮膚表層脫水、去角質，還可以高張滲透的方式讓礦物質進入皮膚內，所以很受女性喜愛。那麼對狗狗來說呢？「死海」之所以叫「死海」，就是因為鹽分濃度非常高，使得任何生物都無法生存。高濃度的鹽分可以讓人浮在死海之上，但如此高濃度的鹽分若是讓狗狗舔到會發生什麼事？我想不言可喻。狗狗吃到「死海泥」卻沒事，絕對是因為該產品所含的鹽分、礦物質不高。死海泥拿來敷自己的臉就好，千萬別讓狗狗吃到！

2. 狗狗皮膚若有一些過敏或紅腫，並不排斥用「死海泥」或

「神仙水」塗抹，但請務必給狗狗戴頭罩，以免他吃到！

3. 泥巴有防蟲效果？當然有！豬整天在泥坑裡打滾，就是為了等泥巴乾燥後，在體表形成一層厚厚的保護層，這樣昆蟲就無法叮咬，但你不會讓你的狗狗全身沾滿乾掉的泥巴吧！

4. 廣告中所謂的防蟲效果，很可能是來自泥巴裡含有的尤加利樹精油。理論上，這確實有一點點趨蟲效果，但尤加利油除了對無尾熊無毒外，對其他動物都是有毒的！吃下去可能不只驅蟲，連狗狗的命都一起驅走了！

總而言之，「死海泥」自己敷沒關係，不過產品來源不清，有可能只是號稱「死海泥」，事實上是池塘的爛泥，你也無從得知，因為你不會自己舔、自己吃，所以沒關係。狗狗的皮膚若有一點紅腫，可以敷，但千萬要記得幫他戴頭罩，不要讓他舔到，之後還要記得將他清洗乾淨、吹乾。

至於用「死海泥」就可以預防牛蜱跳蚤？除非你願意讓狗狗全身都敷滿泥巴上街，不然請不要拿狗狗的性命開玩笑！

狗狗飼養 Q&A

　　這裡整理出網路上飼主時常詢問的相關問題給讀者做參考。由於每一種疾病與狗狗健康狀態各有不同，因此當發現愛犬出現疾病徵兆時，請務必先送至動物醫院做檢查治療。

Q 如果狗狗得到焦蟲怎麼辦？無法根治那要怎麼預防？我家狗狗每天去草地，我怕死了！

A 每個月滴Frontline或 Advantix，再加上預防牛蜱的頸圈，每次去完草地後，記得幫狗狗全身清潔與摸一遍！

Q 我家的黃金獵犬最近發現到牛蜱，我給他滴「蚤不到」兩個月了，但身上仍有牛蜱，怎麼辦？

A 每次從草叢回來後都要做全身檢查，並確認蚤不到不是在寵物店買到的假貨。但就算是正牌的，也需要兩天左右的時間才能殺死牛蜱。可以配合驅蟲項圈，如 Preventic 一起用。

Q Revolution不能殺牛蜱？但盒子上明明有寫control of tick ？

A 沒錯，字義是「control of」某種「Tick」。請留意盒子後面寫著 Prevention of Heartworm，Prevention and treatment of 蛔蟲等等。但用「control」來連結「Tick」，意思是「控制」牛蜱？因為根本殺不死！玩文字遊戲而已！

我家的貴婦五個月大，每個月都會到寵物店滴Revolution，請問還需要額外吃驅蟲藥嗎？

 第一，寵物店不應該有 Revolution 可以賣，因此有可能是假貨。第二，Revolution 不防牛蜱，所以若會帶狗狗外出，Revolution 沒有效果！第三，Revolution 可打蛔蟲、鉤蟲，但不殺條蟲。若狗狗偶爾會吃生肉，且會出門上街，建議三個月至半年還是要吃一次全部蟲都殺的驅蟲藥。請記得一定要去獸醫院做！狗狗若是會出門，建議用蚤不到或頸圈配合心絲蟲藥！

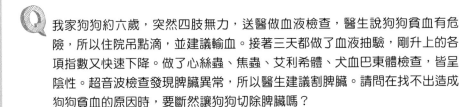 我家狗狗約六歲，突然四肢無力，送醫做血液檢查，醫生說狗狗貧血有危險，所以住院吊點滴，並建議輸血。接著三天都做了血液抽驗，剛升上的各項指數又快速下降。做了心絲蟲、焦蟲、艾利希體、犬血巴東體檢查，皆呈陰性。超音波檢查發現脾臟異常，所以醫生建議割脾臟。請問在找不出造成狗狗貧血的原因時，要斷然讓狗狗切除脾臟嗎？

焦蟲與艾利西體是送去化驗所驗 PCR，還是用四合一在診所驗或只是用顯微鏡看？若真的送去化驗所驗 PCR，仍然呈現陰性的話，就先試試高劑量類固醇吧！免疫系統溶血性貧血是第二種可能，但相當稀少。也可能有胰臟腫瘤出血。脾臟變大應該是正常反應，感覺不出有必須割除脾臟的理由。

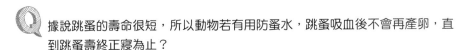 據說跳蚤的壽命很短，所以動物若有用防蚤水，跳蚤吸血後不會再產卵，直到跳蚤壽終正寢為止？

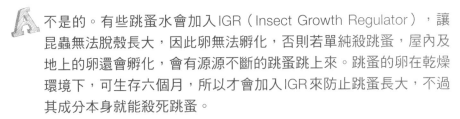 不是的。有些跳蚤水會加入 IGR（Insect Growth Regulator），讓昆蟲無法脫殼長大，因此卵無法孵化，否則若單純殺跳蚤，屋內及地上的卵還會孵化，會有源源不斷的跳蚤跳上來。跳蚤的卵在乾燥環境下，可生存六個月，所以才會加入 IGR 來防止跳蚤長大，不過其成分本身就能殺死跳蚤。

Q 我上一隻狗狗用獸醫診所買的滴頸，卻中過兩次牛蜱熱。所以我現在不會在潮溼天氣帶狗狗去高危險的地方，也不信那種滴頸藥物。加上這藥物寫明人類要小心，自己不要接觸到。既然有毒性（即使是輕微），我也不想用在狗狗身上。誰知道用十幾年藥，日積月累對狗狗的健康有什麼影響？

A 狗狗中過兩次牛蜱熱，若是同一隻，應該是根本沒醫治好所以復發，特別是領養回家的狗狗。另外，我一再提醒 Revolution 及 Advocate 是不防牛蜱的，只有 Frontline plus 及 Advantix 可防牛蜱。我的飼主有按照規定幫狗狗滴 Frontline plus 的，目前都沒中過牛蜱熱，更遑論兩次！這些是神經毒性的藥物，有異於對昆蟲及哺乳類動物都有害的有機磷。Frontline 及其他獸醫賣的滴頸藥無法進入哺乳動物的腦部，不會傷害哺乳動物的神經。目前沒有任何研究顯示這些滴劑會造成任何永久性傷害。

可以好好思考看看，對狗狗來說，到底是得到牛蜱熱傷身？還是滴劑傷身？最後，就算是 Frontline 或 Advantix 都無法馬上殺光牛蜱，通常只是讓牛蜱的數量減少到不足以傳染足夠的病菌進入狗狗體內，所以去完草叢最好還是做全身性搜查，減少牛蜱數量。

Q 我的狗狗有定期滴 Frontline plus，但每次散完步便惹上跳蚤。回家已全身性搜身，但仍然很難徹底捉盡。狗狗每個夏天都會抓咬自己而傷痕累累，請問有沒有其他方法？

A 你的定期是怎麼安排呢？全身性搜尋是為了尋找牛蜱，不是跳蚤。狗狗皮膚發癢，很多時候是皮膚過敏，建議找位有經驗的獸醫看！

Q 朋友的狗狗滴了 Frontline，用了頸帶，也噴了防蚤水，可是還是中了牛蜱熱，所以沒有物品是 100% 的，但不做、不防，也不成！

A 我同意沒有東西是 100% 的，但你朋友的 Frontline 是哪裡買的？有沒有每個月滴？滴的方法正不正確？狗狗是否從小養，從小滴的？很多時候是小時候感染過沒治好，長大後復發，不代表是新感染。

專欄

蚤不到（Frontline plus）有抗藥性？

網路上一直都有人在分享蚤不到（Frontline plus）有抗藥性的傳言。

蚤不到

我不否認任何藥物用久了都會有抗藥性，但目前並沒有任何研究顯示Frontline的成分Fipronil，在牛蜱上有抗藥性。相反地，二〇一四年的研究顯示，Fipronil的抗藥性及殺死率比例低至0.9；反而是K9 Advantix用的Synthetic Pyrethrin已經有很高的抗藥性了！

對於研究報告有興趣的飼主，請參閱：《Acaricide and

Ivermectin Resistance in a Field Population of Rhipicephalus Microplus（Acari：Ixodidae）Collected from Red Deer（Cervus Elaphus）in the Mexican Tropics" by R. I. Rodríguez-Vivas，R. J. Miller，M. M. Ojeda-Chi，J. A. Rosado-Aguilar，I. C. Trinidad-Martínez，and A. A. Pérez de León in Vet Parasitol （Feb. 24, 2014）：200（1-2），179-88.》這是關於墨西哥鹿身上的研究，已經是最接近的研究報告了。目前根本沒有研究報告顯示Fipronil有抗藥性，所以一切都還只是謠言，或許有機會可以請港大生物系協助做個研究。

事實上，很多所謂用了Frontline plus還中牛蜱熱的例子絕大多數是因為：

1. 用寵物店的水貨或自己在淘寶買的Frontline。
2. 領養時已經中標了，但因為狗狗的抵抗力好沒有發作。幾年後抵抗力下降，或因其他原因服食含類固醇的藥，導致免疫系統降低，以致在對付皮膚炎時發作。
3. 使用方法不正確。有的三個月用一次；有的滴在狗毛上，而沒滴在皮膚上；有的省著用，只滴半支。
4. 經驗不足的獸醫在醫治牛蜱熱前，曾使用高劑量類固醇，導致牛蜱熱菌殺不乾淨，很快復發。

諸如此類的錯誤不勝枚舉。跟據我的經驗，只要有確實依照指示使用Frontline plus，並且在狗狗從草地回來後簡略做

過全身搜查的話，中牛蜱熱的機率到目前依舊是零。當然我並不反對搭配使用防牛蜱頸圈或K9 Advantix，但不要輕易相信什麼藥物可以讓牛蜱不上身，無論你幫狗狗滴什麼，回家都應簡略地全身搜查。

一隻牛蜱通常需要幾天的時間才能傳染足夠的牛蜱熱菌進入狗狗體內造成感染，除非是很多隻牛蜱同時吸血，那就不用幾天了！而所有的藥物要殺死牛蜱都需要至少二十四個小時，因此簡略地全面搜身，減少牛蜱數量，絕對是必須的！

腺體瘤與病毒疣

很多狗狗的眼皮上都有腺體瘤，有些還不止有一兩粒。這些腺體瘤幾乎都是良性，但偶爾會發炎並產生過多的分泌物。太大時，又容易刮到眼球，令角膜受損、刮花，因此通常建

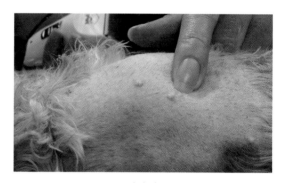

病毒疣

議在洗牙或做其他手術時一併摘除。這些腺體瘤通常有個比較深的根部，需要剪個 V 字型才有可能完全摘除。若等到太大才動刀，有時會造成眼瞼過短而內翻，所以通常不太建議等到太大才做！

滿多狗狗有乾眼症，長期滴降低免疫系統的眼藥水及眼油都是造成腺體瘤的主因。此外，長期服用類固醇等降低免疫系統的藥物或有庫興氏症的狗狗也容易有。基本上若幾個月不消，且眼部開始有分泌物，建議果斷切除，免得以後麻煩！至於需不需要化驗，通常不用，因為實在太平常，見怪不怪了！

而網路上常常見到分享狗狗「脂肪瘤」的圖片，其實叫「病毒疣」，由乳突病毒造成，跟人身上俗稱「菜花」的性病類似，只是狗狗常常會長得滿身都是。一般是接觸傳染，若沒有跟其他帶源的狗狗直接接觸，則可能是沖涼時，共用針梳或經由接觸其他帶源狗狗使用過的器皿傳染的。雖然跟人類的菜花類似，但是不用擔心，這種病毒疣只會在狗狗之間傳染，不會傳染給人，因為是 Canine Papillomavirus（犬乳頭狀瘤病毒），而不是 Human Papillomavirus（人乳突病毒）。

　　這些腫瘤容易被抓破流血，而感染到其他地方，特別是在腳掌上的腫瘤，狗狗容易舔，舔完後再舔其他地方就會感染。此外，幫他們賣力洗澡的飼主，也會間接幫助病毒感染到其他地方。

　　這些腫瘤非惡性腫瘤，不會轉移到內臟或其他器官。然而不斷生長，不斷流血後，再擴散到其他地方，難免讓飼主頭痛，因此通常在狗狗麻醉做洗牙或其他手術時，獸醫會一併割除，一勞永逸。

消化系統

寵物腸胃道問題！

　　每逢中秋、端午及新年，都會有一堆毛寶貝因胃腸問題來看診。慶祝中秋，人吃月餅，狗也吃月餅；歡度新年，人吃年糕，狗也吃年糕！有腸胃問題也就不足為奇。本篇簡略討論相關問題及要做的診斷和照顧。

🐾 腸胃炎

　　首先，嘔吐一兩次，加上拉幾次肚子，大便帶鮮血或黏液，通常是吃錯東西得了腸胃炎。只需給狗狗多喝水、少量多餐、餵食清淡的食物，一兩天後通常就沒事了。看醫生、吃藥當然會好得快一些。通常只要精神還好，也還肯吃，就不算嚴重。就算吐血，大多也只是口腔或食道受損，不過若有血塊或黑褐色的血就要注意了！

　　嘔吐次數的算法以五分鐘為一個單位計算，期間無論嘔吐多少東西都只能算一次。如果一天之內嘔吐超過四次以上就比較麻煩了，特別是如果狗狗完全不肯吃東西，又沒精神，必須預想可能是異物堵塞或急性胰臟炎。

還沒換牙的小狗喜歡到處咬，然後咬爛東西就會吞下肚，造成腸胃堵塞。雞骨、豬骨很少造成腸胃堵塞或刺穿腸胃，卻常會卡在嘴部或喉嚨。最常塞住腸胃的是芒果核、蘋果核、栗子殼等有味道的東西，千萬要小心！

胰臟炎與寄生蟲

胰臟炎驗血就可以得知。通常可以直接做cPL和fPL快速測試。然而該測試無指數，直接驗脂肪酶（Lipase）、醣酶（Amylase）的指數還是比較好判斷胰臟炎的嚴重性。

輕微的胰臟炎，少量多餐，吃低脂肪、低蛋白的腸胃處方狗飼料即可。再配合少量抗生素保護胰臟，及施打止吐針或止吐藥，通常幾天後就沒事。但嚴重的胰臟炎，需留院吊點滴，打止吐針。胰臟炎雖然沒想像的危險，但若延誤治療，可能會導致死亡！

胰臟炎和腸胃堵塞很常見，但很少造成腹瀉，所以若又吐、又拉，通常是急性腸胃過敏或腸胃炎，當然也有可能是最近滿流行的梨形蟲（鞭毛蟲）或球蟲感染。通常醫生弄些狗狗的排泄物在顯微鏡下看，就能確定或排除這個可能性。其他的腸胃寄生蟲很少會造成腸胃症狀，蛔蟲等會吸收狗狗的營養，但不會造成腸胃症狀，除非數量太多，被嘔吐或排泄出來。另外小狗可能會因蛔蟲太長，造成線性異物堵塞及腸套疊。

過敏性腸胃是如何造成的？

過敏性腸胃（IBD）通常是幼犬感染上梨形蟲、滴蟲等寄生

蟲，或其他較嚴重的慢性細菌性腸胃炎，當免疫系統在對抗這些入侵者時，幼犬偏偏接觸了某些蛋白，如奶類或飼料內的蛋白，造成免疫系統錯亂，誤將這些蛋白當成寄生蟲或其他入侵者的蛋白而一併產生抗體對抗！因此就算腸胃炎或寄生蟲醫好後，只要這些幼犬再接觸到這些食物蛋白，免疫系統會誤以為又有寄生蟲入侵，瘋狂產生抗體，進而造成腸胃紅腫發炎，讓他們上吐下瀉。

IBD的檢驗方法有幾種：其一是用內視鏡或開腹取一段腸化驗，這太恐怖了，很少飼主願意做。第二種是試試類固醇可否有效降低免疫系統。第三是做過敏源測試，看狗對哪種蛋白過敏，進而避開這些蛋白。最後是試試Novel protein或生肉飼料，也就是不曾接觸過的蛋白，例如鱷魚肉、鴕鳥肉等特殊的肉類蛋白，看看是否能避開免疫系統的攻擊。

雖然幼犬偶爾腹瀉嘔吐不算太嚴重的問題，但若狀況超過三日，應盡速就醫。一旦引起免疫系統的過敏反應，到時變成慢性IBD，就真的棘手了！

要避免腸胃炎，建議安排狗狗一天進食兩至三餐。一天一餐的話，在還沒吃正餐時，狗狗會整天想吃零食或跟人討食物吃。此外若餓久了，很容易在進食前吐一堆胃酸（黃疸水），這就代表你的狗狗餓壞了。如果狗狗的肚子會嘰哩咕嚕地叫，通常是腸胃過敏及不適造成，腸胃蠕動過快，建議不要給狗狗吃太多雜食，儘量以狗飼料為主，平均分配狗狗吃兩至三餐最健康！

此外，狗狗若不常吃雜食，建議不要因為舉辦狗狗的生日派對，而任其吃什麼狗蛋糕、狗月餅，因為有可能造成其腸胃細菌混亂，導致消化吸收問題與上吐下瀉。而常吃高蛋白、高脂肪食物是胰臟炎的主兇，所以千萬小心！

狗狗飼養 Q&A

這裡整理出網路上飼主時常詢問的相關問題給讀者做參考。由於每一種疾病與狗狗健康狀態各有不同,因此當發現愛犬出現疾病徵兆時,請務必先送至動物醫院做檢查治療。

Q 請問我家的狗狗最近有時一天吐三次,但有時什麼事都沒有。驗過血,只有肝指數159微高,請問可能是什麼狀況?

A 驗過Lipase沒?指數多少?肝指數150左右不會造成嘔吐,不排除有異物造成半阻塞的狀態(Partial obstruction)。我曾經接過狗狗吃溼飼料沒事,但吃乾飼料會吐的案例,先是做顯影劑檢查,最後決定開刀檢查,才發現狗狗吞了一片圓扁狀的塑膠片。由於並非完全堵塞,液體過得去,但固體不行。總之,你的狗狗可能還是有嚴重胃發炎。建議餵食一星期低脂腸胃罐頭。若仍然會吐,可能得考慮手術檢查。

Q 毛小孩每個月都會吐一兩次,是一種黃色的泡泡液體,可是還是活跳跳,請問可能是什麼病呢?

A 如果是貴賓犬很正常。貴賓犬太挑食,又愛吃零食,不吃正餐,導致胃酸累積,在吃正餐前吐出來。建議戒掉零食,少量多餐。

Q 請問狗狗胰臟炎死亡率高嗎?若醫好了,日後要注意什麼呢?

A 死亡率不高,除非影響到肝臟爆肝!醫好後,不要餵食高脂肪的零食,並且少量多餐。

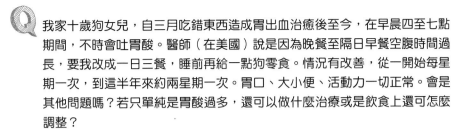

我家十歲狗女兒，自三月吃錯東西造成胃出血治癒後至今，在早晨四至七點期間，不時會吐胃酸。醫師（在美國）說是因為晚餐至隔日早餐空腹時間過長，要我改成一日三餐，睡前再給一點狗零食。情況有改善，從一開始每星期一次，到這半年來約兩星期一次。胃口、大小便、活動力一切正常。會是其他問題嗎？若只單純是胃酸過多，還可以做什麼治療或是飲食上還可怎麼調整？

睡前不建議給零食，會導致營養過高，排空時間卻短。反而建議給些高纖維的食物，增加排空時間，像是水煮花椰菜不加鹽等。早上起來馬上先餵他吃早餐，免得他期待早餐時，胃酸分泌更加旺盛，更容易嘔吐。記得起床第一件事就是給他早餐！

我家十一歲的狗狗吃了一堆廚餘後，狂吐但沒拉，只大了三小條深棕色糞便。隔天就醫，情況沒改善。吐到後面都是膽汁、血絲及小血塊。昨天做了簡單的生化檢驗。血糖138，腎指數也偏高，住院吊點滴。今早帶回前，醫生餵過她狗罐頭。回來後有尿兩次，有喝水，但還是沒大便。因住在澎湖，動物醫院設備不全。醫師剛開始說是胃，昨天看指數，按她的腹部後說也可能是胰臟炎或腎有問題。請問可能是什麼狀況？她稍後突然走路一拐一拐，帶去打消炎針及吃藥。那三天有吐飼料，但都只各吐一次。後來沒吃藥就沒吐了！

若現在沒再吐，應該沒有大問題。沒大便是正常的，吃腸胃罐頭本來就很少殘渣，因此很少大便。除非狗狗有想大便的動作，卻沒大便出來，就麻煩一些。很多消炎針及消炎藥都傷胃，所以吐並不能說是不正常的反應。

朋友的狗狗因為上吐下瀉，被診斷出有梨形蟲，請問若無法確認家中小狗是否被傳染，可以給他吃打蟲藥嗎？此外，梨形蟲是經口或口水傳染的嗎？

是大便傳染或水源本身不乾淨。所以避開水源、糞便，就不會交叉傳染了。沒事不要吃太多殺梨形蟲的藥，免得下次非得用藥時產生抗藥性！

椎間盤疾病與治療！

　　通常狗狗椎間盤有問題，飼主都會注意到：「狗狗本來很活潑，突然就沒精神、沒胃口。叫他都不想動，腰部拱起，一碰就叫。平日愛跳上跳下，跳沙發、跳床，但這幾天都跳不上去，也不想跳。」更甚者會加上「後肢無力或單邊無力，走路一拐一拐的。」你的狗狗若有以上症狀，很有可能是椎間盤出問題了！

椎間盤問題的成因

　　椎間盤問題的成因很多。許多長腰的狗種，先天性椎間盤的軟骨就不好，如科基犬、吉娃娃、臘腸、北京及西施等。這些狗狗若常常上下樓梯，或跳沙發、跳床，就很容易弄傷腰椎，如果常被飼主打屁股也會。

　　至於頸椎，儘管依照頭頸比例來看，狗狗的頸部理當強過人類，不過由於今日的家犬，一來少了捉對廝殺，攻擊對方頸部，鍛鍊頸部肌肉的機會；二來少了要撕咬獵物，靠頸部用力撕開肉來強健頸部肌肉的運動，頸椎自然脆弱。一般家犬很小就會和同伴分

離，沒機會練習撕咬。玩玩具或將毛巾甩來甩去，反而會產生離心力，增加頸椎的負擔，不像跟同伴玩時，背部是固定不動，可以幫助增加肌耐力。吃狗飼料更不需要靠頸部用力撕開肉，因此寵物狗的頸部肌肉完全不如野生動物的頸部強健！當頸部肌肉的肌耐力不夠，頸椎的穩定度也容易產生問題。當頸椎不穩，狗狗又成天抓耳、搖頭或甩玩具，就容易發生椎間盤移位或頸部肌肉受傷了！特別是冬季時，狗狗頸部血液循環較差，更容易出事！

因此建議飼主在幼犬換牙期，多跟他玩搶繩等活動，就是讓狗狗咬住一個物體，飼主用手固定另一端，任其撕扯，飼主不要甩和搶，固定好繩子讓狗狗自己動就好。可以增加狗狗的頸部肌肉，乳齒也比較容易脫落。狗狗長大後也能繼續進行這個活動來鍛鍊頸部，絕對好過讓狗狗自行咬毛巾或甩玩具，也更安全！也請避免讓狗狗跳上跳下，只有鍛鍊強健的肌肉，讓頸椎、腰椎不容易受傷才是王道！

🐾 椎間盤問題的治療

要處理這類問題，當務之急是排除其他令狗狗沒精神、沒胃口的原因。若都排除了，且用手指輕按頸椎或腰椎，狗狗會悲鳴或想轉頭咬人，那就很可能是椎間盤的問題了！

一旦確診後，只要狗狗後腳仍可行動，神經反射仍有部分正常，通常打消炎止痛針，加上餵食讓肌肉鬆弛的藥，配合困籠休息兩星期，很快就沒事了。但若飼主覺得餵藥兩三天後好像沒事，又放他出來跳上跳下，那很可能就是悲劇的開始！第一次可能只是痛，第二次可能會癱瘓，甚至失禁！畢竟脊椎神經控制大部分的肌

肉。膀胱和肛門也是由脊椎神經控制的。因此脊椎一旦受傷，後果不堪設想！

　　至於神經受損，除非是長期復發的患者，或是藥石罔效完全癱瘓者，才需照MRI（核磁共振）做神經手術。這類手術，香港一般要價四萬港幣。在臺灣也要十幾萬，加上CT（斷層掃描）的費用更可觀，因為臺灣目前少有MRI，大多用CT。此外，斷層掃描很傷身，容易引發癌症，而且很多飼主都無法在剛受傷的黃金四十八小時內做手術，所以多數狗狗都靠藥物及困籠休息療法。

　　我的經驗是，八成後肢癱瘓的動物，在休息兩個月之後都有機會恢復七八成。不過也有研究顯示狗狗康復與否的主因在於最初受傷的嚴重性，而不是修復的時間點。因此若金錢夠，時間早，當然可以早些做手術。若缺乏這些條件，倒不如好好靜養，打針吃藥，休息兩個月，還有機會復原。

　　跟各位分享最近有隻臘腸狗後肢完全癱瘓，經過一星期的休息及高壓氧治療後，已活動自如，看似從未得過腿疾的影片！

影片網址
https://www.facebook.com/
DrKuVet/videos/1106409876092710/

　　換言之，手術通常是最終選項，除非意外受傷嚴重。也就是說，如果在一開始，椎間盤被大力射出破壞了脊椎神經，那嚴重性比椎間盤稍微被擠壓頂出來要嚴重很多，手術後復原的機會也渺茫。這跟隔了多久才做手術並無直接相關，何況萬一醫生在做手術時手震，本來不會癱的都可能癱了！因此我的原則是先打針、吃藥、困籠休息一個月，若仍無起色再進行手術！

　　很多人會問針灸有沒有效？研究指出，針灸可以刺激腦部分泌腦內啡（Endorphine），也就是天然的嗎啡，有止痛紓緩的效果。

因此若狗狗只是疼痛而神經沒受損，針灸的確有些幫助。至於神經受損或癱瘓者，針不針灸我個人認為意義不大。若傷的不重，不針灸，好好休息也能恢復肌力。

只要狗狗稍有疼痛，很多醫生就會安排狗狗照 X 光或核磁共振。我認為若神經受損，照一下無妨，但若只有疼痛，照不照對於治療並無多大幫助。頸椎若受傷，除了強迫休息外，應該先醫治好外耳炎或其他導致狗狗大力甩頭的原因，否則就算好了，很快又會再復發。同時，水和食物要用手餵，避免狗狗的頭部往下壓迫椎間盤。

此外，天冷時，血管會收縮，使血液循環變差。人運動前，會熱身，但很多動物在家睡覺，一聽到飼主回來，就突然起身，跳上跳下，這樣從完全靜止狀態到極度亢奮狀態，除了會造成心臟問題外，也容易造成椎間盤問題或肌肉拉傷。所以建議飼主一回家趕快抱起狗狗，切勿讓他們太激動，等狗狗平靜一些，再放下他們。年紀大的高齡狗狗更不要讓他們跳床或沙發，以免受傷。若家裡有樓梯，做個斜坡讓他們走，儘量不要讓狗狗上下樓梯。

🐾 椎間盤手術期刊資料

不久前，獸醫管理局出了手冊，詳細記載了一位獸醫因處理椎間盤問題被告且定罪，讓獸醫們膽顫心驚，紛紛將類似病例轉給大診所做椎間盤手術，美其名是說要趕上黃金四十八小時救援時機。事實上，最新研究顯示九成的狗狗就算不做手術，只需休息一個月左右，也會慢慢回復百分之七、八十！我曾醫治過不下五十隻後肢癱瘓的狗狗，其中大概有十隻左右做了手術，其他三、四十隻單純

靠藥物和休息，基本上真的超過九成都恢復了後肢活動。至於那一成的狗狗，通常是好了一些，飼主又任其亂跑所造成。大概只有一隻是因為神經傷害太過嚴重而導致完全癱瘓。但這隻狗狗就算在黃金四十八小時內做手術也是枉然，因為脊椎神經已經受到不可逆轉的傷害了！

　　本段，我特選刊登於北美獸醫協會期刊的三篇論文，分享給各位讀者。

　　《Comparison of Decompressive Surgery，Electroacupuncture，and Decompressive Surgery Followed by Electroacupuncture for the Treatment of Dogs with Intervertebral Disk Disease with Long-standing Severe Neurologic Deficits》是關於後肢癱瘓狗狗對於不同治療方法幾個月後行動能力所做的研究。研究顯示做電極針灸痙攣的狗狗反而多過做手術的狗狗。真的很諷刺，因為一直以來包括我，在學校學的都是手術可以取走壓住脊椎神經的軟骨，得以讓狗狗恢復運動，但研究卻顯示未做減壓手術的狗狗之後可行走的比率高得多（15/19比4/10）！針灸其實就是刺激神經系統，促進神經活化，高壓氧也有此功效。但說真的，吃點消炎藥，休息兩星期，也會很快變回一尾活龍。

　　《Residual Herniated Disc Material Following Hemilaminectomy in Chondrodystrophic Dogs with Thoracolumbar Intervertebral Disc Disease》是篇研究軟骨手術清除乾淨與否的論文。該研究在比較手術前、後所做的斷層掃瞄後，發現四十隻做過椎間盤手術的狗狗，居然全都有椎間盤軟骨殘留在脊椎內，有些殘留在脊椎神經內的數字高達85%以上！也就是說做了等於沒做！但最後這篇研究報告的結論卻是殘留軟骨與否並不影響狗狗的恢復。

椎間盤手術是在脊椎骨的側面鑽一個小洞，之後外科醫生會用個小湯匙伸進去洞裡面挖。軟骨是白色的，神經也是白色的，因此這項手術非常仰賴醫生的技巧。亂挖會挖壞神經，挖不乾淨則等於沒做，所以相信很多醫生都儘量少挖少錯。既然軟骨大多仍在裡面，且軟骨殘留的比例跟狗狗的復原無關，請問各位，你覺得真的需要做嗎？！

《Long-term Neurologic Outcome of Hemilaminectomy and Disk Fenestration for Treatment of Dogs with Thoracolumbar Intervertebral Disk Herniation：831 cases（2000-2007）》是篇研究手術成功與否的論文。該研究顯示八百多隻做了手術的狗狗，其中有一百二十二隻失敗了，失敗率14%，與我觀察到的失敗率相仿，可能還高些。最後結論是手術成功或失敗，只跟手術前狗狗後腳是否仍有痛覺有關，跟手術時間或其他都無關。這也符合我之前所提過的，只與脊椎神經最初所受到的傷害有關。傷害越嚴重，做不做手術恢復的機會都越低；傷害越輕，做不做手術都會好。但話說回來，若脊椎剛受傷，即使不做手術，也應儘快看醫生打消炎針，降低脊椎神經發炎腫脹，以達到不用手術也能減壓的目的。不用針藥，只困籠休息的效果如何我不敢肯定，也不建議。

以上分享僅供參考，英文好的飼主可以看原文，作為治療椎間盤問題上多一分考量的依據。做一次手術不止四五萬，但實際的傷害卻可能大過不做。

狗狗飼養 Q&A

　　這裡整理出網路上飼主時常詢問的相關問題給讀者做參考。由於每一種疾病與狗狗健康狀態各有不同，因此當發現愛犬出現疾病徵兆時，請務必先送至動物醫院做檢查治療。

Q 我相信後足癱瘓有兩種情況。一種情況是休息兩星期會好轉的，但再做跳躍動作又會復發。另一種是壓到了神經，失去知覺，不做手術，神經會壞死。

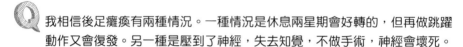

A 你一語中的，這就是所謂的 Hansen type I 及 type II 的分別，不過如果癱瘓，就肯定是 Hansen Type I。這篇文章討論的是已癱瘓的狗狗，所以通通都是最嚴重的 Hansen type I 問題。即使如此嚴重，研究結果還是顯示不做手術的狗狗反而比做了手術的康復得好。很尷尬，很弔詭，但卻是事實！

Q 請問手術對大型犬來說，是否效果不太好？

A 無關大小，受傷後手術與否都只能恢復差不多80%至90%的活動力。大型狗體重較重，就算恢復80%，可能都會有明顯的搖擺，但小型狗體重較輕，就算只有80%，力量恢復會好似100%。

Q 請問若下半身神經系統完全被破壞，高壓氧會有幫助嗎？

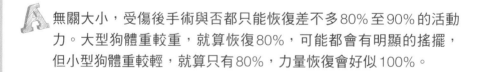

A 若癱瘓超過兩個星期，下半身完全無反應，則高壓氧只能恢復30%左右的功能，且需要做半年以上。

Q 請問有無不宜用高壓氧治療的狗狗？例如：焦慮症、幽閉恐懼症、心臟病？

A 心臟病末期、容易昏倒時，或其他有可能需要急救的病不適用，因為若要打開高壓氧艙門，須提前至少十幾分鐘釋放壓力，若需要急救會有困難。

Q 我家六歲吉娃娃混西施在三歲時，因椎間盤突出動過手術。手術後，可以正常走路及跑動，只是當他跑動時，後腳會有些不穩。一星期前，他突然走路有些古怪，後左腳好像特別軟。最奇怪的是，當我們摸他背部近尾部靠左的一個位置時，他的尾巴就會很古怪地，好像神經反射似地靠向左邊。

A 基本上我認為手術傷害大過實質效果。手術讓脊椎更加不穩，更容易受傷。記得不要讓他跳上跳下，不要走樓梯；多散步或游泳增加背部肌肉，應該可以改善。至於尾部偏一邊，不是正常的反射，可能需要檢查一下其他反射，才能知道他脊椎問題的嚴重性。

Q 請問椎間盤突出，打 Cartrophen 或吃保健品有用嗎？

A 沒什麼幫助。若是髖關節及膝關節，就有很大的幫助！ Vetri-Disc 效果成疑，不過保健食品傷害不大，可以試試。

Q 我家十一歲的狗狗很外向，愛散步，但步伐變慢。現在是後兩腿無力，輕輕踢一下或被拍個屁股，就整個跌坐在地上。保護關節的藥吃好幾萬了，否則以前更糟。請問吃藥或針灸治療有用嗎？

A 針灸有點止痛效果，但成效不佳，反而是澳洲的 Cartrophen 效果顯著。你若在香港，就到處有得打，在臺灣很難找得到！

膝蓋骨移位
在什麼情況下要做手術？

基本上膝蓋骨移位／菠蘿蓋移位（Patellar luxation）分幾種，嚴重程度也分幾級。小狗多數是內側移位，而大狗多半是外側移位。香港的小狗基本上有七至八成都有膝蓋骨移位的問題，大多數都是基因問題，因為近親交配所導致的，血統越是純正的狗狗，這個問題越多。

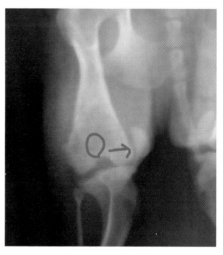

膝蓋骨移位X光片

膝蓋骨移位與手術迷思

膝蓋骨移位分為四級。第一級是膝蓋骨長期在正常的凹槽內，偶爾用力才會跌出，之後很快又回復正常位置。第二級是很容易跌出，偶爾才會回復！第三級是長期在不正常位置，但用力仍可以將

膝蓋骨回復。最嚴重的是第四級，膝蓋骨長期在偏遠位置，用力弄也弄不回！

然而級數跟需不需要做手術完全無關。的確，膝蓋骨若長期在外側，容易造成磨損及骨刺，因外側無軟骨保護，長期滑動容易磨損。不過，通常是年紀比較小的狗狗才有這些問題，真正因為膝蓋骨移位而年紀大要做手術的佔非常小部分，因此基本上可以忽略第三、四級！反而是第一級和第二級的狗狗，因膝蓋骨的韌帶很緊，而膝蓋骨跌出時大力磨到骨頭，加上韌帶太緊會卡住，以致於會吊腳，要等到膝蓋骨歸位，才能放下腳，這樣的狗狗當然就會建議做手術。其次，狗狗若自小就有長期吊腳的習慣，也建議早點做，免得狗狗已經習慣三隻腳走路，手術完成以後也不太用那隻腳！因此手術與否跟級數無關。

很多飼主因為狗狗被診斷為膝蓋骨移位第四級，而嚇到急著要為其做手術。其實很多膝蓋骨長期在外的狗狗跑跳自如，跟完全沒事一樣，這些病例做或不做手術的意義不大。膝蓋關節跟任何關節一樣，一旦手術打開後，就會退化。因此很多沒做手術的，年紀大了還不會退化；做完手術的，因曾經打開過關節，反而容易有退化性關節炎，也更可能長骨刺！關節裡本身是個無菌、無細胞、無血液的地方。一旦被打開過，有血液進入，反而可能造成病變。

🐾 膝蓋骨移位的治療方式

膝蓋骨移位因為並不完全屬於關節的一部分，所以吃關節補品，如葡萄糖胺及軟骨素幫助不大。打骨針（Pentosan Cartrophen）也幫助不大！唯一可以做的就是手術矯正。

手術一般有三個步驟，第一個步驟是加深膝蓋骨所在的凹槽。通常醫生會把膝蓋骨凹槽的軟骨掀起，用挫刀磨深凹槽之後，再將軟骨擺回去。若不掀起軟骨直接磨，因為少了軟骨保護，容易增加日後骨刺增生的機會。第二個步驟是將膝蓋骨連接小腿韌帶的地方轉位，讓凹槽及連住小腿處呈一直線。這樣韌帶就不容易把膝蓋骨扯出凹槽。這裡通常需要打一支鋼針，固定依附在韌帶上的骨頭。第三個步驟是大腿肌肉及膝蓋骨韌帶的矯正。這裡只需讓肌肉和膝蓋骨韌帶呈直線就好。將肌肉往側面拉緊。

　　做完手術後，最好兩三個星期都不要用到手術過的腳，避免鋼針移位，之後可以慢慢增加活動量。我看過幾隻過動狗狗的鋼針移位，最後都還要再麻醉一次進行處裡。

　　總之，若是小狗的膝蓋骨移位，沒有症狀無需理會。不用管他級數多少，只需觀察小狗是否會吊腳。若真有吊腳，就需做手術，不過要確認醫生會做以上三個手術步驟，而不是只做其中一兩種！基本上，沒打鋼針的手術多半會復發，也多半是偷工減料。因此狗狗若真的需要做手術，請勿貪小便宜，因小失大！

狗狗飼養 Q&A

　　這裡整理出網路上飼主時常詢問的相關問題給讀者做參考。由於每一種疾病與狗狗健康狀態各有不同，因此當發現愛犬出現疾病徵兆時，請務必先送至動物醫院做檢查治療。

Q 醫生有方法可避免髖關節移位的惡化嗎？我的狗狗被診斷是三級移位，醫生說四級就要開刀！現在看到這篇文章，放心多了！但保養品的效果有限的話，怎麼讓他不惡化到第四級？

A 雖然保養品效果有限，但或多或少可以保護軟骨及增加潤滑，減低骨刺形成的機會。只要狗狗沒有吊腳，是否要做手術矯正可以自行決定，與級數無關。跑、跳當然會增加膝蓋骨磨損，但狗狗也不可能不跑、不跳，且大部分三四級的狗狗，即使年紀大也沒見到有什麼問題，所以倒也無須太過擔心！

Q 我有一隻十二歲馬爾濟斯，因心臟病一直吃藥中。後來有點頭，類似打嗝症狀。照了脊椎×光，沒嚴重骨刺。後來腳無力，給她吃維骨力。這幾天點頭的狀況越來越嚴重。睡一下，就起來點頭，還有點抽搐。不知是否是缺鈣？

A 維骨力是人吃的，還是狗狗吃的？人吃的會外加一堆鈣和其他重金屬。馬爾濟斯最多5Kg，所以若吃到人類劑量的鈣，會急性腎衰竭，不要亂餵！狗狗很少會缺鈣，除非是哺乳期的狗媽媽。針對心臟病，醫生有沒有開利尿劑？若利尿劑劑量太高，導致鉀質流失，也會使肌肉無力，抬不起頭。

Q 我們家約十二歲的狗狗，因兩度跛腳，帶去就醫都被診斷拉傷，打了針，也吃了消炎藥及建議的狗狗專用維骨力。不過，這次整隻左前腳連同後腳都腫得跟豬腳一樣。照了X光、驗了血，指數都稍偏高，只有ALKP是900多。因醫生判斷是骨膜發炎導致指數超過範圍，開了抗生素。但目前後腳水腫嚴重，請問抗生素除了抑制病情，對水腫是否也有效？

A ALKP高可能是「消炎藥」為類固醇所造成，不過也有可能是狗狗庫興氏症等賀爾蒙問題導致。狗狗腳腫通常是因為有尖銳異物刺穿外皮，讓細菌進入裡面，而皮下不透氣、又溫暖潮溼，細菌就爽快孳生，最後造成蜂窩性組織炎。吃抗生素殺死細菌，發炎腫脹也會慢慢消失，但要注意ALKP。有庫興氏症的狗狗較容易受感染，因為長期處於免疫力低下的狀態！

Q 我的糖尿病小狗餵食關節藥Consequin三年，血糖一直都很穩定的。但自從打了三支骨針，發現血糖持續升高，請問兩者有關嗎？

A 骨針基本上不會影響血糖，Consequin是葡萄糖胺加軟骨素，因為葡萄糖胺的主要成分是葡萄糖，當然會影響血糖，若有糖尿病，不要餵食關節補充劑，而且糖尿病會慢慢對胰島素有抗藥性，需要越打越多，所以也要調整胰島素劑量。

Q 醫生，在抱起狗狗時，他的菠蘿蓋發出咔咔聲，感覺好像菠蘿蓋鬆掉一樣，是否是退化性關節炎？

A 不痛則多半是菠蘿蓋移位，會痛、會縮腳通常是退化性關節炎或半月軟骨受傷。

Q 請問我的兩歲松鼠犬，後腳被診斷為先天四級，需要動手術嗎？他真的不會到處跳來跳去，有藥物可幫助嗎？

A 菠蘿蓋移位曾討論過，除非吊腳（腳不願或不能碰地），通常無需手術。

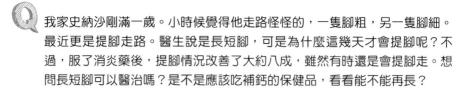

Q 我家史納沙剛滿一歲。小時候覺得他走路怪怪的，一隻腳粗，另一隻腳細。最近更是提腳走路。醫生說是長短腳，可是為什麼這幾天才會提腳呢？不過，服了消炎藥後，提腳情況改善了大約八成，雖然有時還是會提腳走。想問長短腳可以醫治嗎？是不是應該吃補鈣的保健品，看看能不能再長？

A 不要亂補鈣！一歲不會再長，不需要鈣了。沒聽過狗狗長短腳會影響生活的，因為狗狗的腳在走路時本來就不會伸直。建議另找位醫生看看是否有膝蓋骨移位或其他問題。

Q 家中約莫六個月大的米克斯母狗，前腳似乎比後腳短。請問是鈣質或是營養不足嗎？

A 當然不是，只是基因問題或生長板提前癒合，導致前腳停止生長。鈣質不足會很容易骨折的，而前、後腳吸收的鈣質相同，所以不要亂補。

心臟病的重要知識

　　心臟是一個全肌肉組織，主要功能是個幫浦，將血液打入肺裡面交換氧氣後，再打回全身血液循環。所有血液都朝一個方向流，不走回頭路。心臟收縮時，就靠關閉防水瓣膜來阻止血液回流。

🐾 狗狗的心雜音

　　高齡狗由於瓣膜退化，纖維化破損，容易導致心臟收縮時血液回流，產生亂流，造成所謂的「心雜音」。心雜音基本上可以分為六級，第六級是聽筒不用貼住胸腔都能聽得到，第五級是手指放在胸前，可以感覺到亂流導致的震顫。大部分來看醫生的狗狗都是三到四級，一到二級基本上要靠點想像力才聽得到。雖然理論上，級數越高代表心臟病越嚴重，但有時瓣膜破了個小洞造成的三四級狀況，卻會帶有澎湃的雜音，此時就需要心臟超音波及 X 光輔助！

　　X 光無法看到心臟內部的情況，但可以看到心臟有無變大，有無因血液倒流而造成的肺水腫、肺積水及其他氣管問題。超音波因為穿透不了空氣，故無法看到肺部或氣管，卻能看到心臟裡血液倒

流的情況與嚴重性，以及心臟肌肉厚度和收縮力。心電圖主要在心跳很不規律或特別慢，一分鐘不到80下時做。不然心電圖對高齡狗狗的心臟病治療不但多餘，還可能導致錯誤的判讀。

🐾 狗狗的心臟病的治療

早期的心臟病若無症狀，只有一到二級雜聲，通常建議禁鹽分，吃心臟處方狗飼料或不加鹽的鮮食。千萬勿因膀胱結石開過刀而長期吃 Urinary S/O，因為鹽分太高，對心臟很不好。畢竟膀胱結石不會要狗命，但心臟病會！若有三到四級心臟病，但不曾昏倒或嚴重咳嗽、咳水，可服用 Enalapril 或 Fortekor 加稍稍去水的Furosemide。前兩種藥能間接幫助心臟打血，Furosemide 則能將身體多餘的水分排出，使血液變稀，也就相對減少了心臟負擔。但若狗狗狂吐或狂拉時，千萬不能餵食 Furosemide，否則狗狗可能會因為小小的腸胃炎而導致急性腎衰竭死亡！

若有五到六級心臟病，就要再加 Pimobendan（Vetmedin）及偉哥（Sidenafil，臺灣稱為威而鋼）。偉哥對心臟相當好，可放鬆心臟血管，增加血液循環。Vetmedin 也可輕微放鬆心臟血管，但最主要是加強心臟收縮的強度，卻不會增加心臟負荷。不過，新研究顯示瓣膜剛破損時餵食 Vetmedin，狗狗反而可能因為心臟收縮力增加，造成瓣膜損耗得更快。因此若無循環不良、昏倒、肺積水等症狀的一到三級心臟病，不建議餵食 Vetmedin。

動物不像人，既無體外循環機可用，也無心臟可換，心臟手術目前只在美國有例子。藥物可減輕症狀、延長寵物性命及改善寵物的生活品質，但是飲食控制非常重要，千萬不能讓有心臟病的狗狗吃有鹽分的食物！

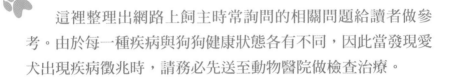

狗狗飼養 Q & A

　　這裡整理出網路上飼主時常詢問的相關問題給讀者做參考。由於每一種疾病與狗狗健康狀態各有不同，因此當發現愛犬出現疾病徵兆時，請務必先送至動物醫院做檢查治療。

Q 我家三歲半的北京狗，日前照了X光，顯示心臟有一邊較大，其他驗血報告正常。現已依獸醫指示吃了一個月可助心臟活躍及降血壓的藥。之前吃的RC Urinary狗飼料也停了。請問：
1. 現在我買了Canidae老年犬／低熱量配方給狗吃，可以嗎？
2. 因為狗狗不肯吃藥，我每次都要用狗零食香腸包住藥餵食，可以嗎？
3. 狗狗每次吃完藥，耳內或牙肉等顏色都會比平時粉紅好多，一般兩小時後就變回正常，這正常嗎？
4. 狗狗有吃驅蟲藥，便便沒發現有蟲，但狗狗經常在地上磨屁屁，獸醫說是肛門腺問題，幫他清理過，但回家還是經常磨屁屁。
5. 狗狗好像有很多痰卡在喉嚨，吃東西一急就會嘔吐。晚上睡覺也會聽到好多痰聲。看過獸醫，獸醫說沒辦法，只好少量多餐。請問該怎麼辦？

1. 高齡犬飼料沒關係
2. 請勿用零食包藥餵食，心臟藥大多都有吸引狗狗的味道可選擇。
3. 心臟藥有擴張血管的效果，所以牙肉等顏色看起來會比平時紅。
4. 的確應該只是肛門腺所引起的。
5. 呼吸有痰聲對於扁鼻的北京狗來說很正常，因為軟顎過長。可以考慮剪短軟顎，但要小心，剪太短容易造成異物進入氣管。少量多餐沒幫助，通常是呼吸急促及狗飼料吃太快跑錯地方。我會建議餵食大粒的狗飼料，逼狗狗先咬再吞，慢慢吃。

我家十三歲西施犬，心臟肥大，有雜音及肺部有少許積水，但沒咳，胃口好。獸醫給他開了心臟藥Prilium 75mg及利尿劑Furosemide。請問：

1. 這兩種藥的副作用是否對肝、腎有嚴重的傷害？
2. 若不吃藥，只吃心臟病配方狗飼料（Hills h/d），平時再加強注意他的情緒及控制體重，可行嗎？
3. 有無其他心臟藥副作用沒有那麼大的？
4. Hills h/d 還是 Royal Canin 的心臟狗飼料好呢？

 1. Frusemide會加重腎臟負擔，但只要給予足夠的水也還好，沒有太多肝臟的毒性，放心！
2. 我不清楚他的心臟病嚴重的情形，基本上若無喘、咳、昏倒，是可以用低鹽分的狗飼料來維持的。
3. 所有藥物都有些許副作用。
4. 心臟病配方狗飼料都差不多。低鹽分，狗狗不一定愛。你可試試看狗狗喜歡哪一種，或自己弄無鹽食物給狗狗吃！

 我們的北京狗只要上街沒多久就氣喘，不知是太熱才氣喘還是該請醫生做超音波檢查？

 大部分的高齡狗有沒有心臟病問題聽一聽就能知道，超音波只是輔助。北京狗因短鼻及軟顎過長所以容易喘，不一定是心臟問題。

 我家九歲半迷你雪納瑞妹妹，突然咳不停，還咳出了痰。經過X光和心電圖檢查，發現右心瓣厚了，血有少許倒流，心臟比較大，肺有些白白的。醫生決定使用六種藥，服了六天，今天已無咳，胃口很好，不過尿尿次數增多。怕藥有副作用，打算明天停藥。

 基本上十隻心臟病的高齡狗，有九隻半都是左邊心臟瓣膜受損，造成血液倒流。心臟病程度還是需要聽診，才能知道嚴重程度。此外，水喝得多，排尿量也多是正常的利尿劑作用。若不嚴重，夜晚餵食一次Furosemide就夠。最重要的是要改用低鹽分的心臟配方飼料或老犬飼料保護心臟，不能再吃潔齒骨等高鹽分的零食！

我家十歲雪納瑞,日前健檢照心臟超音波,發現心跳過慢,導致一邊的心臟較大。目前有服藥物來增快他的心跳,請問這類藥物長期使用會造成她腎臟負擔或有其他後遺症嗎?

 心跳過慢是要看心電圖來決定,心臟大小才是由X光檢查。若懷疑有心房心室電波阻斷,必須做過心電圖檢查後才能開藥。若只是單純心跳過慢,可能只是健康狀態欠佳或甲狀腺低下。此外,心臟左右本來就不等大。在香港,狗狗患有心房心室電波阻斷的病例很少。

 我的十二歲北京狗,有心臟病,每天吃藥。這幾天比較冷,狗狗晚上吃了排水的藥,但不願起身喝水和尿尿。若再有這情況,需暫停排水藥嗎?

 不尿尿倒還好,不喝水倒較令人擔心。若擔心排水藥太強傷腎,可於夜晚在他睡覺的地方附近放點溫水,另外也應複診檢查他的腎臟及心臟功能!

心絲蟲

　　大概飼養狗狗的飼主沒有人不知道心絲蟲，網路上也有很多資訊，但是相信這些不明來源的資訊常常造成大家誤解與擔心。

🐾 心絲蟲的感染與症狀

　　心絲蟲，也有人稱為惡絲蟲，基本上存在於被感染的狗狗右心室和肺動脈之間。公母蟲會不斷製造小幼蟲，分佈到狗狗全身的血液中。這時染病的狗狗若被一隻蚊子吸了血，幼蟲就會一併被吸到蚊子的消化器官，躲在蚊子的口水腺裡待命並成長。直到這隻蚊子叮了其他狗狗後，這隻幼蟲就會進入下一隻狗狗的身體裡。從進入新環境的第一天算起，心絲蟲通常需要六個月才能在狗狗的心臟裡定居並成熟，進而造成傷害。心絲蟲的病例在臺灣到處都有，但中南部特別多，感染的情況非常嚴重，因為蚊子很多。在香港，基本上新界，特別是元朗、上水一帶非常多。

　　遭感染的狗狗早期症狀不明顯，通常在興奮或運動時較喘，精神不好。後期就會咳嗽，舌頭呈紫色，嚴重的甚至會腹水。儘管不

少獸醫會言明先驗心絲蟲，才能吃心絲蟲藥，但並非所有的狗狗都需要驗，因為心絲蟲從幼蟲轉成蟲需時六個月，而目前坊間的心絲蟲測試都是在測試心絲蟲成蟲的抗原。因此你的狗狗若錯過一兩個月的藥，或著根本還沒有六個月大，那基本上驗什麼也是白驗，若剛剛感染，更驗不出來。

另外有些獸醫會抽血看血中有無幼蟲，千萬別以為他是在找蚊子口水裡傳過來的幼蟲。不是，他其實是在找心絲蟲交配後的萬子千孫，這個機會更小，因為一定要有一條以上的成蟲，而且這些成蟲一定要有公母，並進行繁殖，也就是說狗狗必須要有很多很多成蟲後，才有機會在血液中找到幼蟲，這當然也至少得等狗狗被感染六個月以後！

認識心絲蟲藥

你的狗狗若曾經吃過犬心寶 Heartgard plus、Tri-Heart（含 Ivermectin 成分）或犬心安、倍脈心（含 Milbemycin 成分）之類需要每個月固定服用的心絲蟲藥的話，這些心絲蟲藥大多有一至三個月的延長作用。換言之，若吃過心絲蟲藥，就算停了三個月，一般情況下，幼蟲還是無法感染狗狗的！因此，按照之前提到過心絲蟲的六個月成長期來計

犬心寶

算，你的狗狗若吃過犬心寶，那需要驗血的時間是三個月加上六個月，也就是九個月後。當然不是說三個月內狗狗都不會被感染，只是就算被感染了，也驗不出來。

心絲蟲針是一種慢性釋放的藥，非常黏，非常難抽，也很難打。一年只要打一次，但這就沒有太好的延長藥效。若延遲了六個月，就真的得重新抽血驗過才能再打。有些獸醫會說打針很危險，但我在香港幫許多狗狗打過，也沒有因為心絲蟲預防針而發生過問題。若是飼主的記性不好，餵藥真的不如打針方便得多！

你的狗狗若「很幸運」是聰明的邊境牧羊犬、英國古代牧羊狗、喜樂蒂牧羊犬或其他牧羊犬的話，絕對不能給他們服用含有Ivermectin成分的心絲蟲藥，如犬心寶Heartgard plus或Tri-Heart，因為他們的「腦血管阻隔」相當差，以至於很多本來不會進入腦部的藥物，都會進到他們的腦袋裡，造成抽筋、震顫或甚至死亡！所以牧羊犬只能吃犬心安或倍脈心等有Milbemycin成分的心絲蟲藥。全效型滴劑也是一個選項，不過切記，滴頸部皮膚的滴劑如Advocate可用在牧羊犬身上，而另外一種Revolution滴劑就最好不要滴在牧羊犬身上。

很多人會問，若狗狗已經有了心絲蟲，又吃預防心絲蟲的藥到底會怎樣。因為預防心絲蟲的藥通常只能殺死或殺傷幼蟲，對成蟲沒有太大的影響，故狗狗若已有心絲蟲在身體裡，又吃了預防心絲蟲的藥的話，心絲蟲的幼蟲們會被毒的暈頭轉向。這時，大量已死或將死的幼蟲在血液裡可能會造成突發的過敏反應，如全身起紅疹或拉肚子等症狀。而這些幼蟲的屍體也可能會堆積在身體的過濾器官——腎臟，進而堵塞腎臟，或引發過敏反應，導致急性腎衰竭。此外，這些幼蟲的屍體也可能堆積在肺部的微血管裡，造成急性過

敏性肺炎。若堆積在心臟的冠狀動脈裡，更有可能會引發急性心臟病而導致死亡。

　　所以為了預防萬一，狗狗若真的超過了心絲蟲的服藥期限，還是先驗一下心絲蟲，再吃心絲蟲藥會安全一點！

心絲蟲的治療

　　狗狗若真的不幸感染了心絲蟲，在國外通常會先用超音波看一看到底有多少隻蟲，再決定如何處理。若真的太多，國外獸醫通常會先從狗狗的頸靜脈，伸一支鉗子進去心臟裡，把一些心絲蟲夾出來後，再施以藥物治療。另外在投藥之前，通常會給狗狗一些類固醇以及抗過敏的藥物，確保死掉的心絲蟲不會造成急性的過敏反應。若心絲蟲很多，而國內又沒有夾心絲蟲的設備，千萬不能急，至少應分成兩到三次慢慢殺死心絲蟲，因為如果一次殺死大量成蟲的話，成蟲會集體痙攣！當一群蟲在心臟裡抽筋時，心臟也會跟著不規則跳動，導致心率不整或急性心臟病！所以用藥應該要由最低有效劑量開始，隔兩個星期後，再增加劑量。

　　有些外國獸醫在施行夾蟲程序前，會先麻醉狗狗，但心絲蟲感染嚴重的狗狗麻醉風險極高！目前我發現若蟲量多，可以用打三針的方式來處理，也就是先打一針殺死一半蟲量，一個月後，再連打兩針，殺死餘下的蟲。至今尚未見過狗狗因此死亡或嚴重不適，所以，這個辦法應該比夾蟲風險更低。

　　投藥時，狗狗一定要住院，若有突發性的心律不整或過敏反應，獸醫才能及時處理。同時狗狗需要在獸醫院絕對安靜的隔離籠裡休養，任何刺激都會造成已經被死蟲堵塞住的心臟更加衰弱，嚴

重會造成狗狗突然死亡，前後可能要住院一個月左右或更久！很多狗狗好一點後，還是得吃一陣子的類固醇，直到死蟲的屍體完全被狗狗身體吸收為止，才不會造成過敏反應。通常被感染後的狗狗因心臟瓣膜也已受損，需要長期服用心臟藥和吃獸醫處方心臟病狗飼料。狗狗痊癒的機會當然是和蟲蟲的多寡成反比。但通常治療期間，死亡率高達65%以上，所以在進行治療之前，飼主應該要先做好心理準備。

另外心絲蟲也有機會感染飼主喔！雖然人體的免疫系統不利幼蟲生長，但還是有在肺臟發現的案例，主要造成輕微的肺炎、咳嗽之類的病，也有機會造成過敏反應這種比較嚴重的症狀。

總之，心絲蟲真的是預防重於治療，千萬不要心存僥倖，不然後悔都來不及！有些人會想，我的狗狗都不外放，不用做心絲蟲預防吧？但是心絲蟲是蚊子傳染的，出不出去都有可能遭受感染！一旦感染，就很難處理。可以一個月讓狗狗吃一次心絲蟲藥。有些狗狗喜歡吃，還可預防大部分的腸胃寄生蟲，所以無須再餵驅蟲藥。或是在打預防針時，同時安排注射心絲蟲預防針，雖然比較貴，但可以預防心絲蟲一整年，簡單方便。

狗狗飼養 Q&A

　　這裡整理出網路上飼主時常詢問的相關問題給讀者做參考。由於每一種疾病與狗狗健康狀態各有不同，因此當發現愛犬出現疾病徵兆時，請務必先送至動物醫院做檢查治療。

 我收養了一隻曾接受過殺心絲蟲針療程的柯基犬。但療程後一年，抽血複驗心絲蟲，仍呈陽性反應，可是看過抹片，卻又未見幼蟲。獸醫主張再重吃Doxycycline及類固醇藥，再打三針殺心絲蟲針劑療程。狗狗能否三年內打兩個療程呢？打完第一次後，要怎樣才能知道心絲蟲有沒有清乾淨？據說，療程只能殺90%的蟲，而且蟲屍會永遠留在體內。是不是代表驗血，一定會呈現陽性反應呢？

 療程能殺死全部成蟲，前提是沒有新的幼蟲出現。蟲屍會留在體內一段時間，慢慢被白血球分解吸收，不會永遠留在體內。若不確定是否仍有蟲，建議做心臟超音波確認，再打殺心絲蟲的針。打兩個療程不是問題，拖太久才是問題！

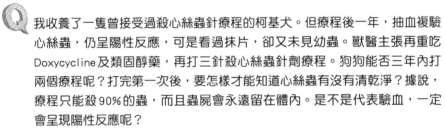

 Pfizer的Revolution可以代替Heartgard預防心絲蟲嗎？

 Revolution很貴，一盒三支約兩百多港幣；心絲蟲藥六顆約九十港幣，價差四倍以上，並且Revolution殺不到牛蜱。所以只要狗狗有外出放風，就不要用Revolution，用心絲蟲藥配合牛蜱頸圈或Frontline plus即可！

Q 我家九歲拉拉是在食慾減低後三個星期才被診斷出有心絲蟲，已經到了肝腫大，但肝指數稍微高及尿液蛋白檢查是正常，白血球量飆高到五萬多。醫生說救回來的機會很小。目前在吃抗血栓的藥，加上灌食，已經有恢復些體力，不會走沒五步路就躺下，但呼吸急促，請問正常嗎？

A 救回來的機會很高，請趕快安排施打殺心絲蟲的針！光吃抗血栓的藥用處不大，要先吃了殺心絲蟲的藥，再吃抗血栓的藥才有用。不要再拖了，心絲蟲在體內多一天，傷害就更大一些。肝指數偏高是正常，因心絲蟲塞住右心，血液無法從肝臟回流。殺心絲蟲的針不是每家獸醫院都有，請先電話詢問醫院有沒有得打。

Q 請問不到兩個月大的柴犬何時該檢驗是否感染心絲蟲？若要吃預防藥，用藥的時間與品牌呢？

A 四五個月大再開始吃藥。心絲蟲藥品牌很多，成分都差不多，只有牧羊犬需要吃比較貴且特別的！

Q 請問心絲蟲預防針可以三年打一次嗎？又心絲蟲針與心絲蟲藥有何不同？

A 據我所知，只有 Fort Dodge 一家預防針藥廠做過測試，證明狗狗三年後仍有抗體，不過他們只證明自己的預防針，而且他們的預防針比別家貴三倍，因此若用別家的，每年打一次，花費上沒有什麼差別。預防針只是打死掉的病毒及減毒的細菌，並沒有任何藥物在內，主要是用來刺激免疫系統。心絲蟲針只是慢性釋放的心絲蟲藥而已，兩者並無不同。但若在心絲蟲疫區，可能還是吃藥安全一些，畢竟狗狗一整年的體重變化很大，慢性釋放的藥物說不定到年底藥力就不夠了。但你若常常忘記餵狗狗吃心絲蟲藥的話，那就打針吧！

Doxycycline（一種抗生素）可以抑制心絲蟲產生的立克次體（Wolbachia），使成蟲的壽命由五至七年縮短為一年，所以長期使用可以治癒心絲蟲嗎？我讀過 American Heartworm Association，的確是建議飼主在 Immiticide 缺貨期，採用 Preventif 殺幼蟲配合 Doxy 減低成蟲引起的感染，使狗狗保持健康，等待 Immiticide 再度有貨。

 Doxy 能殺 Wolbachia 沒錯。目前研究發現 Wolbachia 是造成心絲蟲血管病變及一些症狀的主因，因此只殺心絲蟲，不處理這個病菌，會讓心絲蟲所引起的心臟血管病好得比較慢！文獻中幾乎都是寫這個細菌和心絲蟲是「必須共生」（Obligate symbiotic）。換言之，若一方掛了，另一方也會掛。但目前這仍在研究當中，科學家仍未達成是否殺死 Wolbachia，心絲蟲就會死的共識，但這個抗生素確實能夠讓心絲蟲無法蛻變成成蟲。而 Wolbachia 的確也是造成肺血管及腎臟破壞的主因，因此需要兩個一起對付。目前殺心絲蟲成蟲的針劑相當普遍，副作用也不大，我施打過的幾隻狗也都沒有問題，因此何必消極等待心絲蟲死亡呢？

 狗狗被驗出有心絲蟲，但狗狗好虛弱，醫生建議用預防心絲蟲藥慢慢殺，可以嗎？

 絕對不行！心絲蟲預防藥只殺得死幼蟲，殺不死成蟲，而成蟲每在體內多待一天，就會造成心臟血管多一分傷害！這方法是想讓成蟲老死，不過心絲蟲有好幾年的壽命，常常心絲蟲還沒有老死，狗狗就因為心絲蟲成蟲引起的病變死亡了！如果蟲量太多，可先打一針殺心絲蟲的 Melarsomine 針劑，隔一兩個月後，再打兩針，殺光其餘的蟲。或實施靜脈夾蟲，減少蟲量再打針！千萬不要拖！

 請問喜樂蒂牧羊犬可以打疫苗嗎？

可以的，心絲蟲針裡面的成分 Moxidectin 對牧羊犬的影響很小！

靜脈夾蟲風險很大，是否是真的？

 一旦感染心絲蟲，做什麼都有風險！不過什麼都不做的風險更大！
靜脈夾蟲需讓有螢光透視法（Fluoroscope）的醫院做。

 快速測試要做些什麼？抽血？

 是的，幾滴血就好。但用顯微鏡看血很不準確，因看到的蟲可能是
其他血液寄生蟲，而不是心絲蟲的幼蟲；沒看到蟲，也有可能是因
心臟裡只有幾條公的，沒有母的。快速測試簡單方便，五分鐘就有
結果。請不要讓醫生只依靠顯微鏡來斷診。

棘手的貧血問題

在網友眾多問題中，最棘手的應屬貧血問題，所以特別整理出這個篇章和讀者討論貧血的原因，讓大家有所認識！

貧血的症狀

當狗狗貧血時，平常紅潤的嘴皮、牙肉和眼結膜都會變得異常蒼白。再嚴重點，連舌頭都會蒼白。當然狗狗心臟病末期也會有上述症狀，這是因為心臟輸血不良而導致的血管收縮，並非貧血。

貧血的狗狗會比較沒有活力、沒胃口。若有急性貧血，這些症狀會明顯一些。若是慢性，要等到狀況變嚴重後，才會看得到一些症狀。急性貧血大多是血溶性貧血，過多的紅血球被破壞掉，裡面的血紅素漏出來，可能會有些許黃疸或尿尿很黃，甚至變成橘色的症狀。

🐾 貧血的成因與治療

　　貧血就是紅血球不足。基本上有兩種可能：一種是紅血球過度的流失或遭到破壞；另一種是骨髓製造紅血球不足。通常貧血的成因都是前者，後者多半是骨髓癌症或淋巴癌造成的嚴重急性貧血，也可能是慢性心臟病或腎臟造成的輕微貧血。

　　紅血球過度流失，除了外傷，還有可能是體內有腫瘤破裂造成不斷內出血。若剛做完手術，也有可能是手術綁血管的線鬆脫，造成急性內出血。若是腫瘤破裂造成慢性內出血而有腹水的現象，肚子會大起來。這時獸醫抽腹水，抽出來的應該都是血，這時就得動手術割腫瘤了！

　　另外血球過度流失，對幼犬來說，有可能是跳蚤、壁蝨，或是腸胃裡的鉤蟲、寄生蟲感染。這些寄生蟲數量多時，也會造成貧血！所以預防跳蚤和壁蝨以及定期吃驅蟲藥對未滿一歲的幼犬相當重要。當然成犬也該做這些預防，使貧血的機會小一些。

　　至於血球的破壞又可分為兩種：一種是免疫系統的破壞；另一種是中毒性的紅血球破裂。狗狗吃到洋蔥、蒜頭或普拿疼等成藥時，這些東西會導致紅血球的細胞膜變得脆弱且容易破裂，進而導致漢氏小體貧血（Heinz body Anaemia），通常在顯微鏡下可以看得出來。這些中毒的狗狗可能得吃一些特別的抗氧化劑和解毒劑來防止血球繼續變得脆弱！

　　至於貧血最常見的原因，當屬免疫系統的破壞，特別是急性溶血性貧血。免疫系統造成的貧血，在顯微鏡下會看到血球的形狀像是蘋果被咬了一口（Acanthocytes），或整個紅血球被啃光的超迷你紅血球（Spherocytes）。所以仔細檢查血球造型，就可分辨出

是中毒或是免疫系統遭到攻擊了。

但免疫系統的破壞又可分兩種：一種是自身免疫系統突然發瘋，開始無差別大屠殺，攻擊自己的紅血球。另一種較常見，是有血液寄生蟲躲在紅血球裡，免疫系統偵測到這些寄生蟲，但從血球外又殺不死他們，只好一不做二不休，連紅血球一起做掉所導致的溶血性貧血。這兩種情形都可用免疫抑制劑，例如類固醇之類的藥物暫時控制病情。但若有血液寄生蟲，濫用免疫抑制劑反而會讓這些寄生蟲肆無忌憚的繁殖，變本加厲。另外，有醫生會建議割除脾臟。這萬萬不可，脾臟雖然看似百無是處，卻是回收血紅素及監控血液寄生蟲的地方。割掉脾臟，雖然寄生蟲少了個地方躲藏，但就像是把犯罪熱點的警察局裁撤掉一樣，寄生蟲只會更猖狂！

狗狗的血球寄生蟲有焦蟲（Babesia）和艾利希體（Ehrlichia）。焦蟲通常需驗血液 DNA / PCR 才驗得到，但艾利希體有快速檢測，像驗孕一樣，五分鐘就知道了。這兩種寄生蟲都是由壁蝨傳染的，所以又再次證實幫狗狗預防跳蚤和壁蝨有多麼重要！有一點需要特別注意，快速檢測的艾利希體其實是檢測狗狗的抗體，也就是只要狗狗曾經感染過艾利希體，都會呈現陽性。因此幾乎所有流浪狗在這個檢驗項目都會中獎，狗狗有獎，絕不落空。不過這並不代表狗狗有發病或有帶原，除非發現他有貧血，而且血小板也非常低，才需進一步做 PCR 確認。一旦確診後，吃一陣子的強力抗生素加短期的免疫抑制劑，大多都會好轉，不一定要輸血！

若排除了上述的血液寄生蟲，但還是有溶血性貧血，則很可能真的是免疫系統心情不好，開始瘋狂掃射紅血球。這時候只能吃一段時間的免疫抑制劑，看看什麼時候免疫系統才會忘記殺紅血球這項嗜好！

若是慢性貧血，血球沒有再生（Reticulocyte <4%），那就得做骨髓穿刺化驗，看看是否得了骨髓癌或淋巴癌，以至於骨髓都被癌細胞佔據，使製造紅血球的骨髓無處住。這時人類可以換骨髓，但狗狗只能試試看化療。

最後慢性病如心臟病、腎臟病或腫瘤都會導致貧血，但這類貧血通常較輕微（PCV/HCT/Haematocrit 大於25%）。當然營養不足也會導致貧血，但都什麼時代了，還有人會讓狗狗餓著嗎？應該不會吧！而惡性血管瘤是出名的貧血兇手，貧血的主因是腫瘤會在血管內造成網狀組織，當血球經過這些網狀組織時，為了通過就會被切成一塊一塊的。若做血液抹片，會看到破碎的紅血球屍體。

無論如何，貧血一定要找出原因，對症治療，千萬不要隨便輸血！通常血球壓量（PCV/HCT/Haematocrit）小於15%才可能需要輸血，但從外面輸進來的血液對於身體來說相當於是外星生物，只會讓免疫系統更不爽，破壞得更快。所以這些輸來的血通常不到一個星期已被破壞殆盡，真的只能救急而已！儘快找出原因治本才是王道。濫用類固醇或其他免疫抑制劑的醫生一定要抵制，因為這樣很可能造成血液寄生蟲的氾濫，導致不可挽回的錯誤！一定要先確認沒有血液寄生蟲才能使用喔！

🐾 輸血或是不輸血

儘管上文說明過輸血只能救急，非解決之道，但因輸血帶來的高利潤，使得輸血非常普遍。配對血型可賺錢、輸血可賺錢，之後驗血還可賺錢，而且馬上看得到效果。然而，這基本上跟吃類固醇一樣，外表見得到的似乎好了，但裡面可能會更糟！

當然有些情況下輸血是必要的，例如被車撞到導致脾臟破裂內出血、手術後血管沒綁好內出血、外部大量出血無法止血。此外，PCV/HCT低於10%，而化驗所報告又還沒出來時，輸一次血是為了多買些時間，以利確診，而其他情況則一概不建議輸血！

為什麼不建議輸血？人類的基本血型大致分成四至五種，狗狗卻有七種以上。狗狗輸血基本上只會檢查有沒有第一種DEA 1.1而已。若不是這個血型，則可輸一次血。大部分的犬隻，不管本身血型為何皆可接受DEA 1.1 negative的血液，不過狗狗實際上可能是其他幾種互不相容的血型，只是反應較小而已。

但即使是相容的血型，輸進來的血球通常活不過三天，很快就會被狗狗自己的免疫系統破壞殆盡。所以輸血是救急，以便給醫生多一點時間，補救受損造成內出血的器官或找出貧血的原因。若做第二次輸血，因為免疫系統已經認識了這個血球，會產生更大、更快的免疫反應，第二次輸進來的血球、血小板等通常撐不過二十四個小時。

很多有免疫系統貧血或牛蜱熱造成貧血的狗狗也在輸血。要知道，這些狗狗會貧血，就是因為免疫系統對自體的過度破壞，再輸入一堆外來的血球，當然會更加刺激狗狗的免疫系統。這種行為無異於在發狂的獅子臉上多打一巴掌，只會造成免疫系統更加瘋狂且徹底的破壞行為，也會令降低免疫系統的藥物變得近乎沒有作用。

此外，免疫或牛蜱熱造成的溶血性貧血，會讓紅血球破裂，使得裡面的血紅素到處遊走，增加排毒時的負擔。破裂的紅血球又會被回收站脾臟回收，使這些狗狗脾臟腫大，最後血紅素被肝臟處理製造成膽色素。然而，當血紅素大量出現時，肝臟這個工廠一旦處理不來，就會造成黃疸，甚至肝指數飆高。這時若再送一堆很快就

要爆的紅血球給這個系統，不是明擺著要搞壞腎臟、肝臟嗎？這兩個器官為了處理自己破裂的紅血球，已經嚴重超時加班了，再送一堆爛血球進來，豈不是在幫這兩個器官製造更多麻煩？

香港大部分的獸醫院都是用 Packed blood cells，也就是「包裝冷凍細胞」。好處是可以放得比較久，但也因為血球較不新鮮，而比新鮮血球更快爆光，直接找輸血狗狗輸血也不見得更好。要知道，輸血時，不但輸進對方的紅血球，也輸進對方的白血球及其他免疫因子。這時不但主人會打客人的紅血球，客人的白血球及抗體也會對抗主人的紅血球，雖然最後當然是主人贏，但大戰結束後，只怕飼主的紅血球跌得比沒輸血前還低！

總而言之，輸血只是救急。依我本身經驗，很多狗狗嚴重貧血到 HCT 只剩 8%，但只要確定貧血的原因，即時阻止血球再被破壞，通常狗狗的骨髓都配合得很快，能製造足夠的血球補充回來，完全不需仰賴輸血！因此若有朋友的動物需輸血，請務必跟他們講清輸血的利弊，請他們仔細衡量後，有必要才輸。

🏥 圖示貧血原因及處理方法

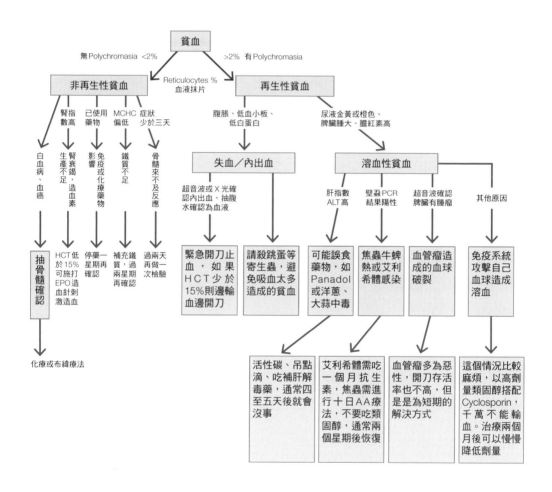

當心！網路害死你的狗！

狗狗飼養 Q&A

　　這裡整理出網路上飼主時常詢問的相關問題給讀者做參考。由於每一種疾病與狗狗健康狀態各有不同，因此當發現愛犬出現疾病徵兆時，請務必先送至動物醫院做檢查治療。

Q 我家糖糖（瑪爾濟斯）六歲，因食慾不佳、不活動就醫，被診斷可能是貧血，故當天就抽血送至一家科技公司動物醫學部做焦蟲檢查，結果說無焦蟲。後至另一間醫院，醫生說貧血狀況嚴重。抽血檢查，發現有焦蟲，但數量不多，應無大礙。只是白血球很高、紅血球很低，且白血球有攻擊紅血球的狀況（用顯微鏡看會有一小顆一小顆的紅血球，且抽出的血很像沙子加在水中的感覺），故進行第一次輸血。接著打了一兩次針（類固醇）加上吃藥粉與一次化療用藥。但一星期後發現紅血球降至0.8，白血球約48，又緊急第二次輸血，加上每天兩次高劑量類固醇針與中藥。目前狀況有改善，但白血球仍小幅度上升。請問除了打針外，有其他方法可救他嗎？

A MCV偏高應該是再生性貧血，不過還是要看Reticulocyte和NRBC做確認。臺大動物醫院針對免疫性貧血，會用人類免疫球蛋白IVIg來治療，可以全部都試一下，不過要有心理準備，這將會是長期抗戰！再次重申，顯微鏡並非確診焦蟲的好方法，因為有太多假像會讓人誤以為是焦蟲，請驗PCR，也就是DNA來確診！有焦蟲就會引起免疫系統攻擊紅血球，與數量多寡無關。只要有，就得先處理好焦蟲問題，若控制了焦蟲問題，血球依然爆得厲害，才能懷疑是自我免疫攻擊的問題！再次強調輸血是救急，治標不治本，反可能害本！輸完一次就應有足夠的時間找出貧血的原因，而不是亂丟化療藥和類固醇，希望會好轉，不行就再輸第二次。建議趕快驗焦蟲和艾利西體PCR（非只做血液抹片檢查）。若PCR確定沒焦蟲，那自我免疫的溶血性貧血機會就高很多。

我家八歲雪納瑞犬患了自體免疫力問題，已住院一個星期，情況反覆不定。若有需要，可接受第四次輸血嗎？獸醫說可能會打增血針，但情況再差，會考慮再輸血。

 輸入的外來血球很快會被破壞。醫生有抽血送去化驗所驗 Babesia（犬焦蟲症）和 Ehrlichia PCR（犬艾利希體 PCR 檢測）嗎？輸血是救急，不可能長期輸血。能做的就是高劑量類固醇加 Azathioprine 和 Cyclosporin，但效果也因狗狗而異。若還是不行，可能飼主要做好心理準備。輸進來的血球量一定會跌得很快，還會刺激免疫系統產生更多抗體破壞血球。試試全部的藥，只要能保持在 10% 以上，避免狗狗興奮，暫時應該沒有生命危險。

造血針沒什麼意義，反而可能會讓狗狗的身體產生自身造血素的抗體而停止造血。狗狗本身 Reticulocyte 很高，骨髓造血速度很快，重點是要如何阻止血球繼續被破壞，PCV 就不會再跌。

 我的六歲雪納瑞因子宮發炎做了手術。其後醫生說狗狗有腹膜炎，第二天又說有敗血病，因為他的 HCT 由 55% 跌至 27%。依醫生建議立即輸血，HCT 升至 33%，但這兩天又跌至 28.9%。醫生建議打 EPO 針。請問有用嗎？有無其他辦法？

做子宮發炎做到變腹膜炎就是沒有清乾淨啦！通常懷疑子宮蓄膿，做完手術後，一定要用大量的無菌生理食鹽水沖洗，降低感染機會。若是敗血病，要用大量強力抗生素。腹膜炎則可能要二次手術再清洗。至於輸血，其實輸血小板就可以了。當肚子裡都是膿水時，打 EPO 沒用，快點動手術將肚子內部清洗乾淨才是重點！當然要考慮狗狗能不能撐過麻醉，但不清乾淨膿水，只治療輕微貧血無用。貧血是因敗血症導致血小板用完了，而敗血症是因肚內的膿水細菌不斷進入血液，所以要先趕走罪惡的根源才會回復正常，而這個根源就是肚內的膿水！

認識賀爾蒙失調

　　「賀爾蒙」是由內分泌腺體所分泌的化學物質，就像身體功能的指令系統。簡單說，所有生物都有兩個主要的溝通系統：神經系統和賀爾蒙系統。前者是腦部與器官間的快速聯繫，後者則是腦下垂體與許多器官間的慢速聯繫，但這個慢速聯繫對維持身體機能如血糖、血壓、電解質平衡等都非常重要！當內分泌系統失去控制，體內的賀爾蒙就會大亂。動物身體裡有非常多種賀爾蒙，每種賀爾蒙都能用來調適不同的情況。然而總要有個指揮中心，就是腦下垂體。他是賀爾蒙裡的總統，甲狀腺就是行政院長，其他的腺體或多或少都是被這兩個首長所影響，包括性賀爾蒙、生長激素等。

　　獸醫大多是全科，最多分內、外科，很少有專門醫治內分泌的獸醫。中醫認為，人的「氣」會在一天內，於不同器官間循環，而賀爾蒙也會在一天內高低起伏，進而影響新陳代謝及消化、呼吸、心跳。一年之中，又因日照的長短，也會令賀爾蒙發生變化。換言之，中、西醫是相輔相成的。職是之故，單單驗一次賀爾蒙並沒有太大的意義，因為時間、季節、甚至動物的心情都會影響賀爾蒙的變化。因此很多時候若擔心賀爾蒙過高或過低，得做特別的曲線圖

或打刺激劑來評估。不能單靠驗一次血，就決定動物的賀爾蒙是否過高或過低！

糖尿病

賀爾蒙的問題幾乎都是年紀大的動物才會有。高齡狗容易有糖尿病，也就是胰島素過低或不敏感。高齡狗也容易罹患甲狀腺過低和腎上腺皮質素過高（庫興氏症Cushing's Disease）或腎上腺皮質素過低（愛迪生氏症 Addison's Disease）。

動物不像人，較不會因為細胞對胰島素不敏感而造成糖尿病。動物多半是常吃高蛋白或高糖分、高脂肪的食物，造成急性或慢性的胰臟炎，最終導致製造胰島素的細胞全部壞死，而使胰島素過低。因此等到動物吃完飯後，血糖就在血液裡堆積，卻無法被細胞給吸收利用，最後細胞們明明看到一堆糖分在血液裡跑來跑去，自己卻活活餓死而造成血酮症（ketoacidosis），並可能引發急性癱軟甚至昏迷死亡，因此年紀大的肥狗偶爾需要驗一下血。

狗狗若血糖指數超過15，就有可能患了糖尿病。若要確診和調配胰島素的劑量，得做血糖曲線圖。這是相當耗時的一件事，而且動物終生得吃糖尿病處方食品，另加一日兩次胰島素針劑，每三個月還得再做一次血糖曲線圖。狗狗若突然水喝得多、尿變得多，也應儘早做一次，因為這種現象通常是胰島素針劑量開始不夠。飼主若能確實按照指示，幫狗狗打胰島素，並不亂餵零食，多數狗狗都還能陪飼主好幾年。然而通常有糖尿病的狗狗，都有一位容易心軟的飼主，時常亂餵人吃的東西。所以治療時，飼主是否能嚴格執行醫囑，是影響存活率的關鍵！

🐾 甲狀腺

高齡狗甲狀腺過低是很多獸醫常誤診的一種疾病，因為甲狀腺沒有曲線圖可做。不過若真有需要，還是有TTRH/TSH興奮試驗可做，只是很少獸醫院會進TRH這種賀爾蒙。大部分的獸醫院還是單純地驗甲狀腺。如前所述，狗狗的疾病、心情及一天之中的時間都會影響甲狀腺的高低，所以驗到一次偏低，絕不代表永遠低；驗到一次偏高，也絕不代表永遠高。很多生病的狗狗也會有假性甲狀腺偏低，但這些狗狗不會有低甲狗狗的其他症狀，如低溫、心跳慢、輕微貧血及身體兩側對稱性掉毛等症狀出現。狗狗甲狀腺偏低通常是因甲狀腺遭受免疫系統的攻擊而失去功能。

甲狀腺低下的高齡狗會有輕微貧血、嚴重肥胖、體溫偏低，所以愛曬太陽、心跳偏慢、懶散、皮膚油脂分泌過多、毛髮生長過慢、以及神經方面等問題。狗狗若真確診為甲狀腺低下，就得長期服用補充甲狀腺的藥物。

很多博美（松鼠狗）會有頭部和腳部有毛，但全身無毛的疾病，這種疾病稱為「脫毛X」（Alopecia X）。偶爾其他犬種也會有這問題，因此不少醫生會誤診為甲狀腺過低，而忽略了真正的原因。母狗若還未結紮，應先結紮，若已結紮，可試試褪黑激素（Melatonin）。若全都失敗了，其實也只是外觀上的問題，幫他穿個衣服吧！反之，若沒有甲狀腺的問題，卻亂餵食甲狀腺的藥，反而會造成心臟病、高血壓等問題！建議若沒辦法驗TRH/TSH stimulation test，還是應在不同天、不同時段多驗幾次甲狀腺。若都嚴重偏低，才是甲狀腺低下。

🐾 庫興氏症與愛迪生氏症

有「庫興氏症」的高齡狗還滿多的，有「愛迪生氏症」的就相對少，還可能只是被誤診。「庫興氏症」是腎上腺功能亢進，狗狗會有吃多、喝多、尿多這三多，尿液偏淡，皮膚也有可能對稱性掉毛，肚子像球一樣脹，但四肢肌肉萎縮，長期下來甚至會發展為糖尿病。

測試方法可用ACTH stimulation test或LDDST，兩個測試都不難，普通獸醫院應該都可以做。大部分的狗狗是因為腦下垂體有慢性及良性腫瘤所造成，確診後，長期吃Trilostane應該可以控制，但建議每三個月做一次ACTH stimulation test，確認腎上腺皮質素是否受到控制！

「愛迪生氏症」，亦即腎上腺皮質素過低，常見於年輕的母狗。最明顯的症狀是長期的拉肚子或伴隨嘔吐及暴瘦，嚴重的話會電解質失衡而休克昏倒，甚至死亡！診斷上，鈉鉀的比例應該會小於25：1。另外，ACTH stimulation test也可確診，只是不少獸醫會以為只是腸胃炎而沒留意，等到最後已經太遲，這也是為何此症診斷率較低的原因。此外，鞭蟲感染（whipworm）也會造成鈉鉀不平衡及拉肚子。所以建議若要確診，還是做ACTH stimulateon test比較可靠！若確診，長期補充類固醇及礦物性皮質素就行了！

狗狗飼養 Q&A

　　這裡整理出網路上飼主時常詢問的相關問題給讀者做參考。由於每一種疾病與狗狗健康狀態各有不同，因此當發現愛犬出現疾病徵兆時，請務必先送至動物醫院做檢查治療。

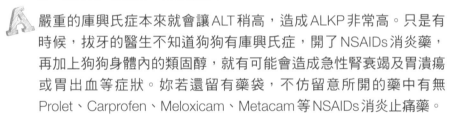

Q 家中十三歲的吉娃娃確診是庫興氏症。現在每天用藥。之後洗牙，脫落三顆大牙。五天後，開始每天早上睡醒就嘔。醫生說可能整牙後未復原。可是兩星期後，食慾變得更差！驗血後發現肝、腎指數高於標準，馬上入院。四天後，腎指數正常，但肝指數仍高！醫生說血鈣高，懷疑有腫瘤。下腹照超聲波報告顯示肝沒問題，但腎有陰影，可是不建議抽組織化驗，因有危險性。又發覺膀胱可能結石，現在安排照X光確認！請問庫興氏症會使犬隻在洗牙、脫牙後，影響肝、腎功能嗎？

A 嚴重的庫興氏症本來就會讓 ALT 稍高，造成 ALKP 非常高。只是有時候，拔牙的醫生不知道狗狗有庫興氏症，開了 NSAIDs 消炎藥，再加上狗狗身體內的類固醇，就有可能會造成急性腎衰竭及胃潰瘍或胃出血等症狀。妳若還留有藥袋，不仿留意所開的藥中有無 Prolet、Carprofen、Meloxicam、Metacam 等 NSAIDs 消炎止痛藥。

Q 最近發現我家十歲雪納瑞的小便有很重的雞蛋味。他的飲食正常，大小便的數量也正常，精神不錯，只是比之前胖了些，請問可能生病了嗎？

A 有可能是糖尿病的酮尿症。酮尿症可大可小，通常沒什麼症狀，但一有症狀就是無力及昏迷，所以能越早確診越好！

Q 我家約十一歲五公斤重的約克夏，前陣子先因發燒打針，後因嘔吐而吃不下，抽血檢驗，結果無心絲蟲，但血糖480多及腎指數60多。十天來一直打點滴，吃藥治療。目前血糖已控制在標準值，可是腎指數反反覆覆，今天竟然一下子從70多升高到108，可是食慾正常（但是只吃肉，不吃飼料。平常就很挑食，喝水變比較少），精神還不錯，可是鉀離子偏低，CRE 0.9，心臟因胖較不好。請問這樣正常嗎？

A 依你的描述，是標準的糖尿病。不要說狗狗挑食，不吃狗食，若真的想讓狗狗陪你久一點，就算餓他也要讓他習慣吃糖尿病配方狗食。糖尿病的狗狗很容易脫水，再加上高蛋白的飲食，Urea（尿素）會飆得超高，並不一定是腎臟問題，通常只是單純的嚴重脫水而已。建議你乖乖地餵食 Hill's w/d 或 m/d 糖尿病處方狗飼料，再加上每日兩次胰島素針。至於狗狗為何發燒，燒到幾度，醫生打了什麼針，這些都會影響我的判斷和狗狗的病情。但你沒提供資料，所以我也無法猜測。建議驗個尿比重和測下尿裡的糖分。

Q 我六歲的狗狗被驗出腎上腺過高，是17，白血球低（甲狀腺正常），加上有吃多、喝多、尿多，並有局部性皮膚問題，因此被判斷是庫興氏症。請問從國外帶回治療庫興氏症的藥真的無副作用嗎？

A 基本上要診斷庫興氏症，絕對不會只驗一次腎上腺皮質素，因一天中，皮質素會有高低起伏，而且也會被狗狗的心情或其他疾病影響，所以若要確診是否有庫興氏症，一定要做 LDDST 或 ACTH stimulation test 才行。此外，很多病症也會造成吃多、喝多、尿多，加之庫興氏症通常會造成白血球過高（特別是嗜中性球過高）等血液結果。換言之。你的狗狗不一定是庫興氏症。目前治療庫興氏症都是用 Trilostane，雖然這比舊的 Mitotane 好一些，但吃得多，或餵食沒有庫興氏症的狗狗吃這個藥，也有可能造成腎上腺皮質素過低，變成愛迪生氏症，反而更危險！我還是建議先確診避免意外發生。

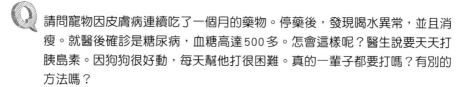

Q 請問寵物因皮膚病連續吃了一個月的藥物。停藥後，發現喝水異常，並且消瘦。就醫後確診是糖尿病，血糖高達500多。怎會這樣呢？醫生說要天天打胰島素。因狗狗很好動，每天幫他打很困難。真的一輩子都要打嗎？有別的方法嗎？

A 有些醫生愛開類固醇幫皮膚止癢，類固醇劑量過高，服用過久就容易造成糖尿病。一旦有了糖尿病，就要天天打胰島素，打一輩子，並吃糖尿病處方狗飼料w/d來控制。有可以用吃的藥，不過副作用多，還是乖乖打胰島素吧！

Q 我家的小瑪爾是隻約八個月大的公狗，從小就很會喝水，大小便次數也很多，又能吃，但一直瘦瘦的。請問醫生，我的狗狗這樣正常嗎？

A 吃多、喝多、尿多、拉多對幼犬來說很正常，當然也有很多其他的賀爾蒙疾病，甚至精神疾病也會造成這樣的症狀。建議拿個量杯，仔細量一下狗狗一天的飲水量，看看是否超過體重的10%。若真是這樣，建議去獸醫院做個禁水試驗，看看狗狗是天生愛喝水，還是病態性的需要喝水，驗血也可以排除腎臟或糖尿病等問題。

Q 我的狗狗快十二歲。去年驗出甲狀腺低下，吃了甲狀腺的藥。三個月後停藥再驗，依然在0.5以下，所以就一直吃到現在。請問甲狀腺低下真的必須吃一輩子的藥嗎？

A 高齡狗若伴有輕微貧血、嚴重肥胖、心跳慢、體溫低、膽固醇過高、脂肪肝、精神困倦、反應遲緩等症狀，則為真正的甲狀腺低下。甲狀腺低下是因甲狀腺遭到免疫系統破壞，通常不會轉好。若是假性的甲狀腺低下，因外來的甲狀腺素補充造成狗狗本身的甲狀腺萎縮而不生產甲狀腺，需要慢慢停了甲狀腺補充品後幾個月再驗才準確。我之前診斷過真正甲狀腺低下的狗狗，以上所有症狀通通都有。沒吃甲狀腺藥補充前，T4小過0.1。換言之，0.4或0.3等不一定是真正的甲狀腺低下。

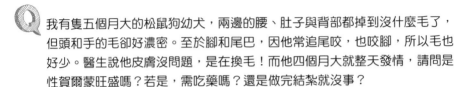 我有隻五個月大的松鼠狗幼犬，兩邊的腰、肚子與背部都掉到沒什麼毛了，但頭和手的毛卻好濃密。至於腳和尾巴，因他常追尾咬，也咬腳，所以毛也好少。醫生說他皮膚沒問題，是在換毛！而他四個月大就整天發情，請問是性賀爾蒙旺盛嗎？若是，需吃藥嗎？還是做完結紮就沒事？

 四個月大，是換毛。若超過一歲，還是毛髮稀疏，則可吃藥試試。因為是腎上腺分泌的性賀爾蒙影響，而非睪丸，所以結紮沒有用。

 我的狗狗因胰臟炎住院三天，打了三針加入100ml 生理鹽水的抗生素。回家當天就發現他背脊有一大腫包，按下去，他似乎不太痛。昨天那腫包終於穿了，流了很多帶血且很黏的膿。今天卻又發現兩個新的腫包。請問這三個腫包與那三針抗生素注射有無相關？另外，因他還有胰臟炎，所以仍然在吃抗生素，那對腫包有幫助嗎？

的確，背上膿瘡通常是不潔的針劑引起。吃抗生素對膿瘡有效，不過仍須配合每天擠膿、放膿。

專欄

脫毛X（Alopecia X）

　　若家中的毛孩子是松鼠狗（博美狗）、玩具貴賓等犬種，當狗狗身體掉毛，但頭、手卻毛髮濃密時，請先確認是否是「脫毛X（Alopecia X）」，切勿亂補充甲狀腺！

　　各種動物，包括人都一樣，當日照時間變短，腦部會分泌血清激素，令底層厚毛變得稀疏，皮膚產生黑色素。少了底毛有利散熱，多了黑色素可吸收紫外線，保護皮膚。當眼睛接受日照時間變短後，腦部會知道要進入冬天了，而分泌褪黑激素（Melatonin）。這個激素會造成底毛厚毛生成，黑色素褪去，且動物也會為了節省能量，開始比較容易睡著。這也是為何不少藥妝店販賣「褪黑激素」的原因，因為很多女性想美白，或有人想改善失眠而服用這種激素。

　　由於現在很多家庭都有強白光的日光燈，造成狗狗或人類的身體誤以為日照時間變長，使得賀爾蒙錯亂，影響皮膚的黑色素沈澱，而且掉毛。這時服用褪黑激素多少會有幫助，或是當冬天來臨，也會自然改善。甲狀腺會加速新陳代謝，刺激冬眠的毛囊甦醒，也有些許作用。其實少開燈，或換成昏暗的暖黃光即可。

　　很多狗狗被誤診為甲狀腺低下，是因為現在驗甲狀腺很方

便，造成很多獸醫過度診斷甲狀腺低下的問題。甲狀腺一天之中本就會有高低起伏，年紀大、有慢性病或病重的狗狗甲狀腺較低是正常的。強迫增加甲狀腺，反而會造成心肌肥大，也較容易造成心臟瓣膜破損回流，破壞性相當大！而且強加外來的甲狀腺也會造成本身正常的甲狀腺萎縮，到時若突然停了外來的甲狀腺，就真的變成甲狀腺低下了！

　　無論如何，松鼠狗（博美）、玩具貴婦，或是阿拉斯加犬的飼主，若發現狗狗身體掉毛，但頭、手毛髮濃密，驗血後，甲狀腺超過 0.5，通常為 Alopecia X，也就是腎上腺所分泌的性賀爾蒙旺盛。這也是為何通常公的松鼠狗比其他狗狗的性慾更高，結紮的幫助不大，因為根據最新研究顯示，這是腎上腺分泌的性賀爾蒙所造成。可以用治療庫興氏症的 Trilostane 來降低性賀爾蒙的生產，進而促進毛髮生長。當然也可以暫時給他穿件衣服遮一遮，因為性賀爾蒙旺盛不會影響太多其他健康問題！褪黑激素有一些些幫助，甲狀腺也會增加一些些毛，但只要減低性賀爾蒙，大多數狗狗的毛髮就會再生！

為何母狗
容易罹患乳癌？

　　乳房是母親的象徵。但當人類破壞大自然的規律，不給小狗生寶寶時，乳癌出現的機率就大增了！很多人都不知道，小狗要嘛就早點結紮，最好在第一次發情之前做；要嘛就早點生。很多人自認為是自然主義者，不願意幫小狗結紮，但又違反自然法則，不讓母狗生小寶寶。這樣一來，不斷有賀爾蒙周期性刺激乳腺細胞，而這些細胞又沒有生產乳汁，最後往往就變成了腫瘤細胞。

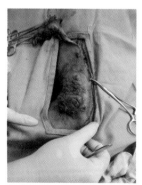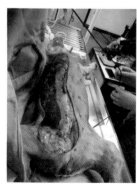

罹患乳癌與治療之後

小狗大約七八個月大時會進入第一次發情期。飼主若在這之前幫小狗結紮，那麼之後得到乳癌的機會趨近於零。研究報告指出，在第一次發情期之後結紮的母狗，得乳癌的機會和沒結紮的差不多。但我的經驗是，就算沒有惡性腫瘤，沒有結紮的母狗年紀大了後，還是有很高的機會得到良性的腫瘤。良性腫瘤雖然不會擴散，也會慢慢增大，最後還可能會造成皮膚潰爛，需要動手術切除。所以還是建議小母狗早早結紮最好。

　　很奇特的一點反而是生過寶寶的母狗，得乳癌的機會比沒生過的小，可見上天生我們每個器官都有用，不用的時候，反而容易出問題！

　　由於乳房血液供應充沛，所以這個手術出血的情況相當恐怖！算是一個相當血腥的手術。通常有乳癌的狗狗都不只單邊乳房有腫瘤，但若兩邊乳房一起切，皮膚就不夠做縫合，所以一般做法是先切一邊，等好一點之後再切另外一邊。

　　乳癌時常會轉移到腋下的淋巴節或偶爾會轉移到跨下淋巴結，因此手術之前通常會建議照張胸腔 X 光，看看有沒有轉移到肺部。若已經轉移到肺部，比起手術挨刀，可能安寧療法會比較好。

　　也有人問過未結紮的狗狗乳腺會發炎，乳頭會紅腫並讓狗狗發癢，結紮會不會改善。其實這不一定，因為可能是狗狗的乳腺有問題，或狗狗喜歡玩弄自己的乳頭，必須先幫狗狗戴頭罩，消毒乳頭之後做觀察。

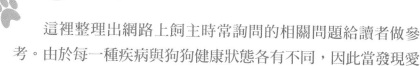

狗狗飼養 Q&A

　　這裡整理出網路上飼主時常詢問的相關問題給讀者做參考。由於每一種疾病與狗狗健康狀態各有不同，因此當發現愛犬出現疾病徵兆時，請務必先送至動物醫院做檢查治療。

Q 我的雪納瑞割出一個脂肪瘤，化驗後有血管和神經。請問惡性脂肪瘤是一開始就惡性，還是由良性變成惡性？又良性、惡性如何分呢？

A 大部分的腫瘤剛開始可能都是良性，經過日積月累的突變慢慢變成惡性。脂肪瘤不大會轉移。良性、惡性不是看腫瘤內有沒有血管、神經，是由顯微鏡下分裂的狀況及細胞核染色體的形狀等來分辨，通常要化驗所做專門的染色才能確定！

Q 我的小朋友在耳背有一粒芝麻大小，腋下也有兩粒芝麻大小的肉瘤，是否要割除？

A 芝麻大小通常不是脂肪瘤，而是汗腺或皮脂腺瘤。

專欄
癌症該做化療還是標靶治療？

在進行癌症治療的討論之前，必須先討論何謂癌症（惡性腫瘤）。

什麼是惡性腫瘤

簡單說，惡性腫瘤就是身體的細胞因為長期慢性的刺激發炎或突變，使得細胞忘了自己本來應該做什麼，於是就什麼都不做，只會不斷分裂增長。所以常喝熱水、熱湯，容易造成口腔癌；長期吸煙容易導致鼻咽癌或肺癌；時常便祕容易造成大腸癌等等，都是因為慢性刺激造成細胞損傷後增生而成。

既然腫瘤細胞是自己本身細胞變化而來，要殺掉這些細胞就變得非常棘手，因為很可能會錯殺無辜。傳統化療效果強，主要是針對體內任何快速分裂生長的細胞來殺。癌細胞分裂生長最快，而且越惡性的細胞長得越快，但化療後也死得越快！

成犬體內除了骨髓、腸道、毛囊等細胞仍在每天不斷增生之外，其他細胞並不會快速增生，化療也會影響這些骨髓、腸道細胞的增生。此外，接受化療的動物也可能會白血球過低或容易拉肚子。因此，每次化療前都應該驗血球，確認白血球及血小板數量夠多，才能進行下一次的化療！

什麼是標靶治療

「標靶療法」是一個統稱。科學家發現不同種類的癌細胞內,可能會有不同的標記物或突變的基因可以與普通細胞辨別。因此這些科學家就研發了一些藥物或基因改造的細菌,去攻擊有這些特殊標記的

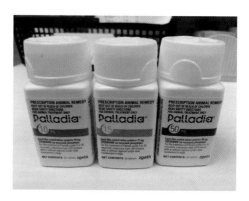

肥大細胞瘤的標靶藥物 Palladia

細胞,跟化療寧可錯殺一百不放過一個地屠殺細胞有很大的差別,因此被稱為「標靶療法」,也就是對準了癌細胞攻擊!除了藥物外,也可以用基因免疫療法讓癌細胞被抗體做上標記,這樣動物自身的免疫系統就會攻擊癌細胞,達到消滅癌細胞的目的。

聽起來標靶療法真是太優秀了,但為何這麼多年來,還是這麼多癌症病人死亡?很簡單,並不是每種癌症都會產生標記讓藥物或抗體找到,就算很幸運碰上有標記的癌細胞,但由於癌細胞分裂突變的太快,產生標記的細胞被殺死後,可能還是有一兩個已經突變,但沒有標記的細胞被留下,並產生抗藥性,成為漏網之魚。因此大部分的標靶療法,最終也只能延長癌症病人的壽命,完全治癒的案例並不多。

標靶療法在人類的醫療行為中非常流行，因為副作用少，藥物只針對癌細胞攻擊，不像化療藥物如此讓人不舒服。但動物其實對化療藥物容忍度相當高，通常只會比較安靜一兩日，並不會掉毛變成光禿禿，嘔吐的情況也不像人類一樣嚴重，因此標靶療法在動物上還不盛行。而標靶藥物比較昂貴，雖然專攻癌細胞，然而也常遇到抗藥性等問題，因此主要還是以延長動物的性命為目的。

　　當寵物不幸罹患惡性腫瘤，有些即早切除就沒事了，有些只能靠化療、食療或標靶療法。各種方法試試無妨，但千萬不要找「補法」，因為我已經看到不只一個案例的腫瘤，本來還能切除，結果被補到大到無法切除！

抽筋（癲癇）

「抽筋（癲癇）」也是很多飼主常遇到的棘手問題。但當務之急是確認你的狗狗究竟是不是抽筋。

🐾 抽筋的表現

很多時候，狗狗其實是昏倒，而非抽筋，通常都是有心臟病的狗狗。他們平常興奮時就容易喘氣、舌頭發紫或咳嗽。等到心臟病嚴重到一定程度時，過度的刺激就會造成他們突然休克而昏倒。這些狗狗通常沒有游泳的動作，只是單純的昏倒，偶爾伴隨一些少許的肌肉跳動，之後會掙扎著要坐起來，有時也會屎尿齊流。通常起來以後，並不會有太嚴重的失智問題，畢竟他們的昏倒只是因腦部的血流突然減少而造成。一旦平躺後，腦部有了足夠的血量，很快又會回復意識。

真正的抽筋則不是這樣，通常大抽筋之前，狗狗會有預兆：相當不安、走來走去、行動反常。之後，有時會從面部先開始抽筋，眼皮或嘴部則不抽動。繼之，就會倒在地上大抽筋，手腳用力抽搐

不停，做出像是游泳的動作，口水也流不停。這時千萬不要伸手去觸碰狗狗的嘴部，一般狗狗不會咬到自己舌頭，但你若伸手過去，手指頭可能會被咬斷，只要儘量別讓狗狗的頭部高過身體，避免口水倒流窒息就好。要是狗狗抽筋超過三分鐘，請儘快送去附近的獸醫院請獸醫治療。而狗狗清醒後，也會有恍神、站不穩、不清楚自己在哪等症狀產生，這就是標準的抽筋！

抽筋的原因

抽筋的原因很多，並不是所有的抽筋都是「癲癇」，「癲癇」通常是醫生找不到其他原因之後的一個判定，也就是神經線路短路造成腦部當機的意思。以下提供幾種常見的抽筋原因給飼主參考。

1.中毒：

殺蟲藥中毒最普遍。由於昆蟲只有神經系統可以攻擊，因此很多殺蟲藥都是神經毒性，例如狗狗的防壁蝨頸圈就是其中之一。吃了一段頸圈到肚子裡就會中毒，甚至死亡。其他攻擊肝臟的毒素也有機會造成抽筋，主要因為肝臟的功能是解毒，當肝臟嚴重損傷無法解毒時，腸胃道裡吸收的髒東西及毒素就會直接攻上腦部，因此有些嚴重肝臟中毒的案例也會有抽筋現象。

2.肝腦症：

跟上述部分有些關係。通常是年紀較小的狗狗，在吃完晚餐後會開始抽筋。這是因為他們先天有條血管繞過了肝臟，直接上去下靜脈。因此很多晚餐的毒素繞過了能解毒的肝臟，直接進入腦部，

最後造成抽筋。這需要超音波和膽汁酸耐受性試驗（Bile Acid Tolerance Test）來診斷。

3.腫瘤：

這大多出現在年紀大的動物身上。腫瘤比較小的時候，抽筋表現比較小；當腫瘤越來越大，抽筋就越來越難停，甚至就算停了，還是會有嘴歪、眼斜等壓迫到神經的症狀出現。除非腫瘤長得比較邊緣，可用外科手術切除，不然這種抽筋基本上是無解的。

4.低血糖：

有糖尿病的動物打太多胰島素就會這樣。另外有些狗狗有「胰島細胞腫瘤」，也會造成胰島素突然大量分泌，使狗狗血糖突然過低，進而抽筋，甚至昏迷。

5.嚴重的電解質失衡：

電流傳導全靠生物體內的電解質高低濃度來進行。當動物體內的電解質嚴重失去平衡，不管是因大量嘔吐、拉肚子或是愛迪生氏症等賀爾蒙問題造成的電解質失衡，都有可能造成抽筋，甚至心跳過慢而休克死亡。因為心臟本身的跳動也是要靠電流傳導，當電解質失衡時，心臟也會跳不動。

6 腦膜炎：

由於腦部是個與世隔絕的世外桃源，大部分的細菌病毒都不太進得去，因此感染造成腦膜炎的機會並不大，而且驗血也不一定驗得出來，因為腦部的構造太封閉了。有時只有腦脊髓液（CSF）

的白血球會升高，但身體裡的白血球卻不一定升高，因此非要驗腦脊髓液才有辦法確認。

若是中性嗜菌球的話，通常是細菌性腦膜炎。但若淋巴球偏多，則通常是病毒或是自我免疫系統造成的腦膜炎。小白狗如瑪爾濟斯、西高地白梗、白貴賓或西施等都有可能發生這種免疫系統造成的結核性腦炎（GME）。

另外還有「白狗搖擺症侯群」，這些小白狗不是抽筋，但在平常就震個不停，通常可以用類固醇進行控制。

🐾 治療用藥

要治療狗狗的抽筋問題，必須排除以上所有的可能，若還是找不到原因，我們只能說他短路了。但千萬要記得，短路必須用藥來控制，一種藥控制不好，用兩種，怎樣都要控制住。若不控制住，就像電腦一樣，一旦

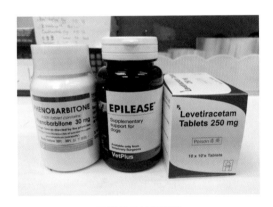

三種常見抽筋用藥

當機當多了，整個主機板都會出問題，下次會更容易當機。特別是抽筋的時間若超過五分鐘，整個主機板都會有可能燒壞，所以一定要注意。

當狗狗一個月抽筋超過兩次，絕對建議飼主讓狗狗長期服用抗癲癇的藥物，不然情況只會更糟！

抗癲癇的第一線藥物一定是 Phenobarbitone。這個藥慢熱，也就是說必須吃了兩個星期後，血液中才會有足夠的量來控制癲癇。由於這種藥像酒精一樣會被肝臟代謝，因此有些狗狗的抗藥性也會慢慢變好，造成血液中的藥量不足以控制癲癇。所以吃這種藥請定期帶狗狗檢驗血液中藥物的濃度。剛開始服用這種藥的狗狗會像喝醉酒一樣昏昏沉沉，但通常一兩個星期後就沒事了，飼主不用過度緊張，擅自幫狗狗停藥。

若吃了 Phenobarbitone，仍然無法控制病情，可加入溴化鉀或 Gabapentine（鎮頑癲）等二線藥物來輔助。一般狀況下，這樣的用藥應該已經足夠了，至少我到目前還沒接觸過加了藥還控制不了病情的案例。

無論如何，抽筋的確會讓飼主膽顫心驚，而要找原因也相當迂迴棘手！然而，若不找出原因對症下藥，只當癲癇處理，往往就無法控制病情惡化。所以各位家有抽筋狗狗的飼主，請要有長期抗戰的決心與覺悟！

狗狗飼養 Q&A

　　這裡整理出網路上飼主時常詢問的相關問題給讀者做參考。由於每一種疾病與狗狗健康狀態各有不同，因此當發現愛犬出現疾病徵兆時，請務必先送至動物醫院做檢查治療。

Q 我家寶貝是六歲半雄蝴蝶犬，先因後腿無法站立就醫。醫生說盆骨有裂痕，給了補骨藥吃。約半個月後，好像在復原，卻突然發出哀鳴，繼而站立不穩，醫生說可能是舊疾復發，給了止痛藥。可是寶貝情況一天比一天差，再照X光、驗血。報告說盆骨位置復合不好，其他一切正常，僅肝指數偏高，有少許肝炎，給了肝藥。可是狗狗情況更差，無法走直線、不時跌倒、大量喝水、後腿多次抽搐、頸部向後望。最後，眼睛發紅、四肢伸直，好像痙攣一樣，立即送醫但已經回天乏術。醫生這時才懷疑是腦神經問題，但不確定。寶貝雖走了，因家中還有一隻，急於知道到底得了什麼病？

A 的確像是腦神經病變。若是中毒，應該第一天最嚴重，之後會慢慢好轉。若越來越嚴重，應該是腦膜炎。可能是自我免疫問題，也有可能是用藥有問題。跌倒時若不是固定跌向一邊，有時也可能是心臟病造成血壓不足而昏厥及走路不穩，需要檢查過才能知道。

Q 我家雪納瑞兩年內做過三次血檢，並做了超音波。第一次發作送醫說有高膽固醇的現像，膽也有白點，認為是結石，但不嚴重，於是開了肝藥與神經的藥。吃了一個半月後又發作，於是換了一間醫院，做了第二次血檢。結果大致與第一次雷同。第三次在教學醫院照了電腦斷層，也抽了血，照了X光。肝、脾腫大，可是並不嚴重。他們建議一定要治療犬艾利希體症，不過目前應該先治療肝與腦部。我家雪納瑞每次都是受了刺激才發作，他很怕鞭炮

聲，每次只要有放鞭炮，隔幾小時後他就發作。

依描述，的確是標準的抽筋。但是造成抽筋的原因太多了，由於你的狗狗發病超過兩年，中毒的可能性較低，除非他長期接觸到化學揮發性物質或長期吃到殺蟲藥、老鼠藥。腫瘤長這麼慢的也很少，通常半年就會壓迫到腦部無法控制。所以最有可能的還是腦部發炎或癲癇。驗血時，膽固醇和血脂偶爾也會有偏高的狀況，但若是在飯前，而且是相隔幾個星期多次驗血都有高血脂和膽固醇，我們才會對此產生懷疑，畢竟狗狗有高血脂的不多，除非同時有甲狀腺低下的毛病，不然這很罕見！另外，血脂高形成栓塞，也就是俗稱的中風，只會造成突然的癱瘓或因血塊壓迫而造成的神經損傷，並不會造成抽搐，所以也不太符合狗狗的症狀！

你的狗狗驗血結果CPK和CREA高，應該都只是因抽搐完肌肉耗損過大所造成的肌酸堆積，並不是腎臟功能有問題。你若擔心，在狗狗沒抽搐時再驗看看，若肌酸酐還是高的話，就能合理懷疑是腎臟的問題。另外當然也要驗尿，看看尿液的濃度是否太稀，用以判斷腎功能。至於肝功能更難說，由於狗狗可能已吃了Phenobarbitone之類的抗癲癇的藥物，這種藥物多少會造成肝指數上升，所以也不能代表狗狗的肝臟有問題，可能只是藥物引起的反應。另外若有脂肪肝或甲狀腺低下，肝指數也都可能偏高，建議多驗一下甲狀腺指數！

基本上，若無明顯的腫瘤或腦室擴大，就該專注於確認是否有腦部發炎。這時應採取腦脊髓液來化驗，看看是否有過高的白血球、淋巴球，甚至看到細菌或黴菌。若腦脊髓液無任何明顯發炎跡象，最後的可能就是癲癇，也就是腦部神經短路，那就只能靠吃藥控制。若光是Phenobarbital無效，可加上Potassium Bromide等其他藥物合併治療。

要注意，狗狗若曾有犬艾利希體症沒殺乾淨的話，慢性帶原的狗狗有時也會有抽搐的症狀出現，雖然大多是部分抽搐，而非全身抽搐，但也是有發生過的。不過，不管是哪種原因導致腦部發炎，腦脊髓液檢測都應該會偵測到升高的白血球數值！

我家七個月大的瑪爾自兩個多月大起，就常會四肢抽筋倒地，但有意識。發作時會努力站起來要吃我手上拿的雞肉。有一次還邊抽筋，邊轉頭努力要喝羊奶。我把他發作的影片給許多獸醫看，他們看法不一。有幾位說不像癲癇，狗狗若癲癇，絕不會有意識，比較像是內分泌造成的肌肉問題。如今每十天發作一次。每次間隔兩小時，連續發作兩天才會完全停止。但他平常精神、食慾都很好。請問是怎麼了？

 若是全身抽筋，狗狗確實是不會有意識的，但抽筋也會局部性發作，不過局部性抽筋大都是在面部。年輕的瑪爾濟斯和其他小白狗有一種特殊的基因疾病叫「白狗搖擺症侯群」，又名Idiopathic Tremor Syndrome（自發性震顫症候群），常見於白色小型犬的幼犬。通常興奮或緊張時會全身顫抖不停，但是有意識，白天較頻密。大部分的研究人員認為這跟神經發炎有關，吃一陣子類固醇就會消炎，慢慢震顫就會變少，因此會建議你可以試試類固醇療法，除非他感染了犬心包蟲或弓形蟲，這兩種蟲都可以驗得出來，雖然臺灣不常見，但建議你可以檢驗後再開始類固醇療法！

腎臟病

現在寵物的平均年齡越來越長壽，因此家有高齡狗的飼主不在少數。當狗狗進入高齡期，會開始食慾變差、水喝得多、尿尿變多，卻越來越瘦。這八成都是因慢性腎臟病引起。腎臟對狗狗而言，是一個最容易而又最需要維修的器官。

🐾 腎臟的功能

腎臟，非常精密的組織，其功能類似出水口的濾網。只是濾網是將髒東西留在濾網上，但腎臟卻是將髒東西如尿毒等廢物排出體外，同時將有用的東西如蛋白質及血球留在體內。因此有些腎臟在遭到抗體或細菌病毒破壞時，會產生蛋白尿，因為排水口被破壞了，所以除了廢物之外，蛋白質也容易流失。不過驗尿時，若同時有很多血球，那尿蛋白高也不用緊張，可能只是尿道膀胱出血而已！血液裡本來就有很多蛋白質！若是在沒有血球的情況下驗出高尿蛋白，這時就要小心了！

腎臟的另一個功能是節約用水。當我們脫水時，腎臟會降低排

尿量，讓尿液變濃，將水分留在體內，讓心臟有足夠的血液循環。然而當狗狗罹患腎臟病時，腎臟功能下降，省水功能開始壞了，造成狗狗不斷喝水，不斷排尿，尿液偏淡、偏稀，但仍嚴重脫水！因為喝多少，排多少，身體完全鎖不住，也利用不到水分，尿液比重因而變得很輕，這就是早期的腎衰竭。最後階段是腎臟完全萎縮、纖維化，導致出水口堵塞，完全沒有尿排出。如果狗狗到了這個階段，可能飼主心理要先做好準備。

腎臟的最後一個功能是製造紅血球生成素（EPO）。腎臟可以偵測組織缺氧而產生紅血球生成素來刺激骨髓造血。當腎臟功能開始衰退時，紅血球生成素的產量也會開始減少，導致貧血。不過這是「非再生性貧血」，雖然沒有新的紅血球，但通常血球壓量PCV/HCT還是有15%以上。只是不少醫生看到一點點貧血，就會建議打人類的紅血球生成素幫助刺激造血。然而畢竟是人類的紅血球生成素，很多狗狗在打了幾次後會產生抗體，這些抗體甚至會連狗狗自己的紅血球生成素都一起破壞，所以打完後，反而可能會造成更嚴重的貧血症狀。所以我個人認為PCV若非跌到12%以下，最好不要隨便施打。

🐾 腎臟疾病

大多數狗狗的腎臟病較少是單純因年紀大所造成，多半是因年紀大，同時患有心臟病，導致血壓下降，腎臟血流減少，進一步導致腎臟問題。此外，有心臟病的狗狗需要長期服用利尿劑，也會增加腎臟負擔，特別是如果狗狗有拉肚子或嘔吐的情況出現，而飼主又繼續餵食利尿劑，很快就會導致狗狗嚴重脫水及腎衰竭。狗狗還

可能因意外服食葡萄乾或含有葡萄乾的麵包、其他有毒藥物等，導致急性腎衰竭。

腎臟問題怎麼解決？答案是沒得解決！

人類可以買部洗腎機，天天在家洗腎。洗腎機的功能就是代替腎臟，將血液裡的廢物清除乾淨，再將血輸回到人類身體裡。但狗狗不可能每天這樣做，只有急性中毒的狗狗才會用洗腎機清除毒素。對於慢性腎衰竭的動物，天天洗腎會有實行上的困難！人類還可以等待換腎，動物卻又有道德上的問題，因為動物無法自己決定要不要捐腎臟給其他動物。正常人也不能沒事拉一隻流浪狗來說要捐腎，所以換腎在獸醫界仍然窒礙難行。

那狗狗有腎臟病怎麼辦？只能靠藥物、腎臟病處方食物降低尿毒形成，增加腎臟排毒功能，同時每天利用打點滴或灌水等方法來增加水量。當水量增加，腎臟排毒就會變好，原理就像出水口若有些堵塞，增加水壓力，有時就會沖得比較順暢。不過還是得看動物腎臟退化的程度而定，若退化得太厲害，毒素就很有可能完全排不出來。

一般腎臟要壞到75%以上，才會在驗血報告中看到數值有異，因此大部分來看病的腎臟病患，腎功能都已經很糟糕了！然而無論多差，都很難評估有腎臟病的狗狗還能活多久，因為這要看飼主及動物的配合度。狗狗若對腎臟處方食品不排斥，每天都溫順地配合打點滴，也願意吃藥，大部分都能多活好幾年。但若患有腎臟病，又有心臟病就難說了！因為心臟病需要少水，正好跟腎臟病相反。其實很多患有心臟病的狗狗，餵食太多利尿劑反而會增加腎臟負擔，心臟又無力打血，進而造成低血壓，最後導致腎衰竭。然而餵食利尿劑，心臟又更加無力，所以飼主會相當兩難！

我建議七歲以上的狗狗，應每年驗肝、腎指數，以利早期發現，早期治療，延緩腎臟惡化的速度。其次，鼓勵狗狗多喝水，若發現狗狗水喝得多，卻胃口變差時，請儘早帶狗狗就醫。不要拖到他們完全不吃東西時，才帶去看醫生，這時通常已經太遲！狗狗不吃東西通常是因為尿毒太高。處理好腎臟問題，狗狗就會逐漸開始有胃口了。

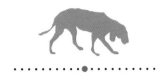

膀胱結石

　　狗狗的膀胱尿道結石成因有很多，最基本的幾個像是狗狗的品種、肥胖、性別、飲食及排尿習慣，喝水的多寡等等。結石好發的第一名非雪納瑞莫屬。另外，巴哥和米格魯也常有，但這兩個犬種可能與貪吃和愛亂吃人類的食物有關。無論如何，若你養的是迷你雪納瑞，就得非常注意他尿尿的情況囉！

膀胱結石的成因

　　肥胖的公狗基本上是最常見有尿道結石的。肥胖可能是因，也可能是果，因為肥胖會增加屁股附近脂肪的堆積，進而造成尿道在轉折的地方變得更細小，增加結石的機率。此外，肥胖的狗狗通常也是常亂吃零食的狗狗，吃得雜，自然也比較容易造成結石。

　　現代人通常都很忙，飼主去上班，狗狗在家可能整天都忍住不尿尿，等飼主回來了帶他出去散步才尿！不讓狗狗在家裡亂尿尿或許是件好事，也可能因而增加尿道結石的風險！當尿液在膀胱中累積越多、越久，尿液中的礦物質結晶沉澱的機會就越高。所以很多

一天只尿一兩次的狗狗，常常過了五六歲就開始有結石出現！

　　想當然爾，不愛喝水的狗狗或只喝寶礦力的狗狗一定是結石的高風險群！水分少也就代表尿液濃度高，結晶沉澱的機會也會大大增加。寶礦力的電解質、礦物質高，排尿時也必須排出多餘的電解質、礦物質，因此尿液中的結晶成分也增高。所以狗狗若不是嚴重腹瀉，切勿隨便餵狗狗喝寶礦力！

　　大部分因結石來看病的狗狗，主要都是因為血尿，只有少數是已經塞住膀胱了才來。因為母狗的尿道較寬，較不容易塞住。當然若常有尿道炎、膀胱炎的話，就會增加尿道結石的風險，因為尿道、膀胱壁因感染發炎而不再光滑，會給晶體一個附著的著力點，很多晶體也因此排不出體外，越滾越大，最後變成石頭。公狗的陰莖有條骨頭，很多石頭會卡在那根骨頭後面出不來！當石頭多時，就有可能造成尿道阻塞。當尿道被石頭塞住，請絕對不要小看它，這是急症，一定要趕快處理，不然尿液塞太久，會塞到腎臟整個壞掉。狗狗的腎臟若是壞了就沒得醫了，所以絕對不要小看這件事！

　　尿道堵塞的症狀跟尿道炎完全一樣，狗狗會一直想去上廁所，但蹲了半天都尿不出來。壓力太大時，可能會漏幾滴尿，且尿中通常帶血。既然尿道堵塞和膀胱炎症狀類似，那怎麼分辨呢？你可以試試自己的手感！狗狗若是膀胱炎，他的膀胱不會脹得很大、很硬。反之，若是尿道堵塞，你會摸到一個又大又硬的棒球（小狗）或橄欖球（大狗），這時就得緊急送醫來通尿或開刀了！

膀胱結石的治療

　　基本上，為了確診是否為尿道結石，有幾件事非做不可。除了

照X光，通常還會幫狗狗鎮定後，插個導尿管，以便在照X光時幫膀胱充氣。因為空氣和石頭的密度相差較大，這樣在X光片上比較容易發現小石頭。若只是單純照X光，有時會錯過一些較小或密度較輕的石頭！驗尿也很重要。驗尿時會檢查結晶，看看狗狗尿中的結晶是屬於哪一種晶石。此外，尿液的酸鹼度也有助於獸醫建議狗狗之後該吃何種處方飼料。若尿液中的白血球數量過高，或有Nitrite（亞硝酸鹽），那這隻狗狗很可能有膀胱炎或尿道炎。

　　若狗狗的尿道真的塞住了，也需驗血，看看腎指數與尿毒指數是否過高。若過高，通常在通完尿或做完手術後，會建議吊點滴兩至三天，排除身體內堆積的尿毒。通常尿道若沒塞住超過兩三天，很少會有永久性的腎功能損害。狗狗在出院前，最好再驗一次腎功能，以確保他的腎臟沒事！

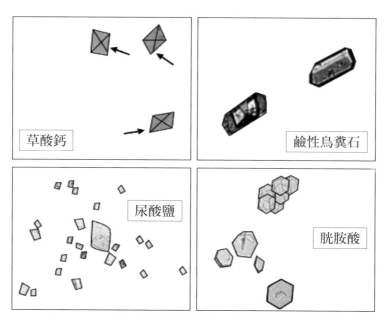

各式結晶沙

若狗狗的膀胱石是鹼性的鳥糞石，可靠長期吃處方飼料（Hill's s/d）來溶解或直接做手術取石。若狗狗不幸有酸性的草酸鈣石，除了開刀外，還真沒有第二條路可走。不過，多數狗狗的膀胱石都是混合石，酸鹼成分皆有。雖然驗尿時，可能見到的是鹼性晶體，但若吃了一段時間的處方飼料還是未見改善，很可能就是混合型的的膀胱石！處方飼料需至少吃兩個月以上，中間完全不能吃任何其他零食，不然會功虧一簣。不過，在吃處方飼料期間，溶解變小的石頭也有可能塞住尿道，所以最快速有效的方法還是開刀取石！

　　有膀胱尿道石病史的狗狗治療好後，仍然需要長期食用處方飼料，以降低膀胱石再形成的機會。此外，溶解性的處方飼料太偏酸性，長期食用反而可能形成酸性石頭，所以在沒石頭後，要儘快換成比較中性的處方飼料（Hills c/d 或有減肥效果的 w/d；酸性石頭或尿素石頭要吃 u/d。另外法國皇家的 Urinary S/O 也可以做為中性降低結晶的處方飼料）。這些飼料鹽分比較高，會刺激狗狗多喝水、多排尿，有利於清空膀胱中的結晶。但切記有心臟病或腎臟病的狗狗不要吃！當然改變狗狗的小便習慣也很重要。儘量讓狗狗想尿時就尿，不要憋到飼主回來。可以多利用陽台或鋪了毛巾報紙的尿盆來鼓勵狗狗在正確的地方小便。

　　其實最重要的還是食物。飼主一定要抵抗得住狗狗的眼波攻勢，不能輕易軟化，讓狗狗亂吃人類的東西。很多人認為吃菜或水果沒關係，但是草酸鈣的草酸多半來自於葉菜類。而且有很多膀胱石狗狗的飼主都會說：「怎麼可能？我給狗狗吃的是天然的有機狗飼料，寵物店介紹的。」我當然不是說有機飼料不好，但確實發現很多膀胱結石的狗狗主食是「天然有機」的狗飼料。所以，切勿太迷信「天然」或「有機」的字樣。

狗狗飼養Q&A

　　這裡整理出網路上飼主時常詢問的相關問題給讀者做參考。由於每一種疾病與狗狗健康狀態各有不同，因此當發現愛犬出現疾病徵兆時，請務必先送至動物醫院做檢查治療。

Q 公狗九歲，曾做過膀胱石切除，是否需終生吃處方飼料？終生不得吃其他食物（如零食／水果）？

A 零食、水果一星期吃一次的影響不大，但若天天吃，就另當別論。建議長期吃處方飼料。

Q 請問腎結石需要開刀嗎？

A 腎結石沒有刀開，膀胱結石才需要開刀。若是有鹼性膀胱石，可以吃s/d飼料溶解。但是請注意，狗狗的腎臟若有衰退現象，s/d不能吃超過兩個月，否則可能會造成腎臟負擔。

Q 家裡十歲的西施今天整天頻尿。就算沒尿，也一直做上廁所的動作。但能吃、能睡、沒有精神不好。我昨天上班前忘記幫他裝水，到了下班才發現沒水。裝水後，他馬上牛飲，喝很多。請問是因為一下喝太多造成頻尿嗎？

A 多半是尿道或膀胱炎，也有可能是膀胱、尿道結石造成。建議去照X光或超音波及驗尿！

我家的妞妞有血尿也照到有較大石頭，開刀拿掉最好嗎？

 先試試 Hill's s/d 飼料，看看能否溶解。兩個月後仍然不行再開刀。

 我的狗狗約一歲，很瘦，長期吃 Hill c/d 會不會營養不良？他是有結晶。醫生叫我餵食 c/d 三個月後，再驗尿。怎知兩個月後又有！

 很多尿道炎的狗狗都容易有「結晶」，不一定有「結石」。一歲不太可能有結石，不用長期吃處方飼料，也不要給狗狗吃太多零食。若已經有結石，多喝水就很有用，不需定期照 X 光，畢竟是輻射。若無症狀，不用太緊張，半年追蹤驗個尿。

 醫生，幼犬 2.9kg，最近每天喝 400ml 的水，食量如常，精神也不錯，請問飲水是否過量？

 飲水量要看狗狗是否長期興奮、喘氣或運動量過大，這些都會消耗很多口水散熱。狗狗若有尿多、尿稀，請看醫生。

 我的三歲巴哥犬弟弟患了膀胱結石，尿尿也有帶血。醫生建議開刀把石取出，但我還不想讓他結紮。醫生說不結紮，會很快又結石，是真的？

 三歲就有膀胱結石，你家的巴哥吃得很好喔！其實鹼性的膀胱石（鳥糞石 struvite）可以靠換吃處方食品而溶解，並不一定需要開刀。你可以問清楚你狗狗的膀胱石是何種，再決定需不需要開刀。膀胱結石跟結紮完全無關，公狗會因結紮後變胖，使尿道變得狹窄，更有機會造成尿液滯留，但不是膀胱結石。尿結石的原因很多，肥胖、亂吃東西、忍尿、水喝的少、狗狗的品種等全部有關，但結不結紮並無直接關係，不用擔心。

結紮

　　還沒做獸醫之前，我是 Animal Right 的先鋒。我總覺得人類沒有權力去決定另一個物種的生育與否，更別提去決定他們的生死！地球是所有物種共有的，我們人類沒有資格，也沒有理由去強迫另一個物種離開他們的棲息地。憑什麼為了美化市容而處死在街上流浪的動物。畢竟街道也是地球的一部分啊！動物想生就生，飼主只是提供飯吃，憑什麼剝奪他們生育的權力？

　　做了獸醫之後，我捍衛動物的心雖然依舊，但我知道現實和理想總是有很大的差距。流浪狗在街上咬傷人會造成社會不安；母狗若不結紮會有乳癌和子宮蓄膿等問題。這一切的一切，雖然不是我們所希望的，但這在現實的社會裡，天天上演。現在唯一的希望也只是期望飼主能好好照顧他們的狗狗，該結紮就結紮，使他們的狗狗都可以幸幸福福、平平安安地度過一生！

🐾 母狗的結紮

　　我曾經接到過十歲小西施的病例。飼主憂心忡忡的帶著她來看

我，說她這幾天沒心情吃東西，吐了兩次，精神很差。我想了想，這應該不是個簡單的腸胃炎吧？於是檢查了一下，似乎沒什麼問題，肚子腫脹了一點，陰部也腫脹了一點，而且似乎有一些分泌物，但體溫也不是特別高。於是問飼主上次小西施來月經的時間，大約是兩個月前。

來完月經兩個月的母狗，加上食慾不振或嘔吐，基本上，任何獸醫都會想到是子宮蓄膿。於是我馬上抱著小西施衝進Ｘ光房照片子。果然沒錯，一照子宮，兩條粗粗的香腸隱隱可見，幾乎可以斷定是子宮蓄膿。於是二話不說，馬上驗血，吊點滴，進開刀房！護士拿著驗血報告來給我看，白血球飆到80乘以10的九次方，實在是太高啦！細菌和毒素大概已經在小狗的血液裡狂歡了吧！趕緊幫小狗打了幾隻超強效抗生素針，緊急開刀。

由於狗狗的子宮太腫脹，很難取出，於是傷口也開得大了一些。取出子宮後，又得用無菌食鹽水洗乾淨肚子，怕有膿水漏出來感染腹膜炎，也請護士拿了一點膿水做細菌分析，看哪種抗生素有效。等小狗醒了，確定點滴都正常，這才拖著疲憊的身軀回家。

手術一共做了兩個多小時，平常幫母狗結紮，一個鐘頭都不用。所以奉勸各位飼主，及早幫狗狗結紮，避免之後小狗痛苦，飼主荷包大失血，獸醫也辛苦。

🐾 公狗也應該要結紮

為了狗狗的健康著想，母狗最好要結紮，那公狗呢？

公狗不結紮的問題比較小。通常是帶他們出去玩時比較丟臉，因為公狗常會找其他狗狗（無論公狗、母狗）做出猥褻的動作。至

於健康問題，結紮與否還真的比較沒有影響。

公狗年紀大了，可能會有前列腺腫大的問題，造成便祕或前列腺發炎。另外就是會有肛門突出和圍肛腺腫瘤的問題。因為肛門腫瘤通常比較早，也比較容易發現，而乳房腫瘤通常要飼主常常摸，或腫瘤大到一定大小後才會被發現，所以比較危險。另外，男性賀爾蒙的刺激還會導致屁屁周圍的肌肉委縮，容易患有陰疝氣，也就是屁屁附近的疝氣！之前還有一隻狗狗的膀胱跌了出來，搞到膀胱阻塞，所以公狗結紮其實還是有滿多好處的！

這裡也來分享公狗的案例，這個案例挺好笑的。不知道這隻十歲的黃金獵犬是看了哪隻黃金辣妹，勃起太久，搞到龜頭漲起來，但偏偏他的包皮出口又不夠大，結果龜頭就被包皮給卡在外面，血液無法回流，導致龜頭無法軟化還原，最後尿道也給塞住了，整個膀胱漲得跟個西瓜一樣大！

飼主到院時是說這隻黃金不斷想上廁所，但都尿不出來，卻會在走來走去時不斷漏尿。例行檢查後，就摸到他的膀胱很漲，而龜頭像巨峰葡萄一樣又大又紫的被卡在外面。這時當然只有緊急鎮定、通尿一途！

如果只是陰莖頭輕微腫脹，通常用些潤滑劑塗抹在陰莖周圍，將其塞進去就好。不過這隻黃金獵犬因為突出太久，已經脹到塞不回去。大家可能會好奇，脹大的龜頭應該如何縮小呢？古代的人很聰明，發現高濃度的糖分可以收乾水分，因此學會醃製蜜餞。基本上獸醫也沿用了這個方式，用高濃度的糖分來醃製龜頭，於是龜頭中血液的水分就被糖分給吸了出來，龜頭就會慢慢變小。但獸醫是有練過的，各位千萬別在家裡亂試。龜頭小了以後，當然就是插尿管通尿啦，高濃度的尿液如洪水決堤，我們裝尿的盆子換了一個又

一個，相當可觀！悶了很久的尿液還真臭，我只能說做獸醫真的不是一份吃香的工作。

　　當然別以為這樣就完啦！因為他膀胱漲的太大，已經失去了原本收縮的力度，所以這隻黃金得留院幾天，每天我得幫他擠膀胱，給他吃幫助放鬆尿道和幫助排尿的藥。另外，最重要的就是因為飼主不願意他年紀這麼大還要挨一刀來結紮，我只好用特殊的抗男性賀爾蒙針來幫助他變成有蛋蛋的公公，這樣他再看到辣妹黃金時，就不會再搞到自己好像吃了過期的威而剛一樣，硬到回不來！

　　說真的，如果這隻黃金犬沒有來看獸醫，不排除會膀胱爆炸，因尿毒症加腹膜炎而有生命危險，所以飼主們千萬不要以為結不結紮只是小事一樁！

狗狗飼養 Q & A

　　這裡整理出網路上飼主時常詢問的相關問題給讀者做參考。由於每一種疾病與狗狗健康狀態各有不同，因此當發現愛犬出現疾病徵兆時，請務必先送至動物醫院做檢查治療。

Q 我的柯基妹妹十個月大，做了結紮手術。手術前不會亂吠，但手術後變得可以吠上一整天。訓狗師說他是為了吸引人注意。吠叫時已不理會他十多天，她卻越叫越久，像是失控一樣。請問可有舒緩他情緒的東西？

A 可以試試DAP，也就是「費洛蒙」，但只對焦慮造成的問題有用。若只是行為問題，可能沒有用。帶他多出去走走，消耗他的精力，通常會好很多！費洛蒙沒有什麼副作用，但香港很難買到。

Q 我家西施十八歲，近月發現一邊睪丸腫脹。驗血、尿，發現尿異常，醫生開了Baytril、Traumeel、Clavamox。複診睪丸沒縮小，但蛋蛋溫度較之前降了。醫生建議用手術割去睪丸。我不想接受，因狗狗年事已高，心臟又有少許雜聲。但醫生說沒法根治，因抗生素沒有殺死細菌，也未有癌症的病徵。請問狗狗是否患了睪丸癌？

A 狗狗的腎臟問題相當麻煩。睪丸腫脹有可能是疝氣（小腸氣）、膿水或腫瘤。蛋蛋若不紅、不熱，那麼小腸氣或腫瘤機會較高。但若一開始紅腫，現在服了抗生素後不腫的話，有可能膿水開始纖維化。現在重點是要打點滴，吃腎臟藥，保持腎臟健康，因為最終要他命的應該是腎臟問題，而不是睪丸！

寵物結紮傷口太小，是否真的拿走了子宮及卵巢？

 狗狗的肚臍下方附近為卵巢位置。這個位置若只有一兩公分的傷口，多半是只拿卵巢，而沒有拿走子宮。正確的狗狗結紮應該要拿到子宮頸的位置，也就是有個明顯的 Y 字型的物件拿出，才是完整的結紮。雖然可以硬拿出來一些，但肚臍下一公分的傷口也很難拿出整個子宮，達成完整的結紮。狗狗若沒有完全拿乾淨，還是有機會成為 stump pyometra 或 metritis 等子宮發炎或蓄膿的問題。雖然賀爾蒙問題的機會少了很多，但畢竟不是完全沒有可能。也可能會造成之後獸醫診斷上的誤解，以為狗狗已結紮，但其實仍有大部分的子宮在內，還是可以儲存膿水。

但也不是說結紮傷口越大越好！傷口大小應該適中！

母狗結紮稱為 Ovariohysterectomy （OHE），也就是卵巢子宮摘除手術。顧名思義，應該要摘除卵巢及子宮，防止乳癌及子宮蓄膿或子宮病變等問題。狗狗子宮成 Y 狀，從背部腎臟位置一直到恥骨陰部，範圍非常廣！如果要確切摘除子宮及卵巢，就算幼犬，傷口也必須要有 1.5 至 2 公分左右。任何小於 1.5 公分的傷口多半是只摘除了卵巢。

很多老醫生只會摘除卵巢或甚至有聽過醫生只摘除子宮，都是不對的。雖然沒了卵巢的狗狗因少了賀爾蒙，不會懷孕，也比較少婦科問題，但子宮仍有可能造成子宮蓄膿、發炎或腫瘤等問題，而且容易造成醫生誤診！因為通常登記時，我們會問寵物是否有結紮，一但獸醫聽到寵物已結紮，則有可能會忽略寵物仍留有子宮的問題！

所以正常母狗的結紮手術傷口應該是肚臍下 1.5 至 2 公分左右，側面的 Flank Spay （一種卵巢摘除術）就是沒有摘除子宮。

當然也會有人說，人類都能用內視鏡進行微創手術了，怎麼獸醫還這麼落伍？內視鏡手術耗時較長，且常需要將金屬的血管夾留在身體裡面。這樣做，下次動物照 X 光時，其他獸醫可能會誤以為動物吃了異物，因此目前獸醫還是比較少用內視鏡做手術。

Q 我家十歲西施例假後，開始流白色液體。是否子宮發炎？請問現在做結紮會太老嗎？

A 至少90%的母狗在五歲到十八歲都會有子宮蓄膿，只是遲早問題，建議直接結紮。

Q 我十歲的史賓格被診斷子宮發炎，要做手術。但愛護動物協會說發炎中不可以做手術，要先醫好發炎後，再做結紮手術。我該怎麼做？

A 子宮積膿是急症，要即刻做手術。不過若只是發炎，沒有膿水積在子宮裡，則不一定要做。

Q 請問我的狗狗已結紮，但有時會發現小便處有乾了的血跡，是為什麼？

A 如果尿尿沒血，可能是陰道炎或沒擦乾淨。

Q 狗狗月經來時可做結紮嗎？

A 月經來時，不建議結紮，會增加手術風險。建議月經結束兩個月後再做。

Q 請問很多人說公狗結紮後，性格會變得較為「溫馴」，較不容易發情，是真的嗎？我的豬仔包半歲就結紮，卻由過度活躍變成超級過度活躍喔！

A 公狗結紮後，對其他狗狗比較不會有敵意，但不代表會比較靜，兩者是不同的！

專欄
公狗結紮會得前列腺癌？

　　有幾位熱心的飼主，拿了一些研究報告給我看，其中一篇說公狗結紮會增加前列腺癌的機會。做為一個曾經沒日沒夜寫研究報告的宅男研究員的我來說，這些報告很容易就看出有嚴重偏頗！

　　這篇研究報告最重要的問題在於樣本數，也就是說參與研究的動物數量有所不足，這在獸醫界是個滿大的問題。

　　簡單來說，在北美洲結紮的公狗是非結紮公狗的四至五倍。不帶狗狗結紮的飼主通常不是經濟有困難，就是喜歡天生天養的飼主。這些飼主就算狗狗有血尿等症狀，也不一定會帶他們去看醫生；看了醫生也不一定肯做組織化驗，因為通常從看診、驗尿、做超音波、到取組織採樣化驗確診是前列腺癌，基本上飼主都至少要花幾萬元港幣，況且還要複診幾次。

　　主張天生天養，不結紮的飼主可能比較少會願意花這麼多錢，或走到這一步，因為抽組織化驗是侵入性行為，相當違反這些人的理念。因此最終會被確診為前列腺癌的未結紮公狗，肯定比實際上有前列腺癌的少很多。

　　最後一項重點是，未結紮的公狗比較可能因為具侵略性，容易與其他狗狗打架或容易出外勾引母狗，往往英年早逝，但

癌症是老人病，若英年早逝，就很難得到老人病了！因此這又再次降低未結紮公狗被偵測到前列腺癌的機會。最糟糕的是，報告竟然只拿確診的數量來比較，而不是拿發生機率來比較。既然未結紮的公狗本來數量就比較少，確診的更少，那麼最終確診的數量若只是如報告所說的，比結紮的公狗少一些些，這樣還是證明了未結紮容易導致前列腺癌啊！

　　所以各位飼主真的要注意，看報告不能只看標題，要仔細看看他們的數據，再用自己的大腦好好思考。很多研究人員和我早期一樣，都只是拼湊數據配合自己的論文標題，其實很容易被識破！

隱睪症

　　有不少飼主認為公狗單春（隱睪症）可以不用處理，就讓我簡單敘述我的觀點。

🐾 隱睪症是什麼

　　正常狗狗的睪丸在剛出生時會留在腹腔內，之後會從腹腔掉進陰囊裡，通常狗狗超過六個月大，但蛋蛋仍未掉至陰囊，就可以說是隱睪症了！雖然教科書上說狗狗一歲前，睪丸仍有機會掉到正常位置，但依我的經驗，若六個月仍未出來，就不會出來了。

　　隱睪症有兩種。一種是睪丸位在大腿內側，腹股溝內。這種算小事，十五分鐘內就可以搞定。另外一種隱睪症是睪丸仍然停留在體內，需要開刀拿出，有相當困難度。有時候比母狗結紮還困難，因為中間有條陰莖擋住視線，所以手術費會貴很多，也相對危險。

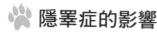 隱睪症的影響

　　隱睪症需不需要處理？當然要！睪丸每日需要不斷細胞分裂製造精子。DNA複製時，溫度太高容易出錯，所以睪丸才需要留在陰囊裡，當身體熱時，陰囊會降低，遠離身體；天氣冷時，陰囊會收縮，靠近身體。製造精子需要固定的溫度，太高溫，DNA複製時容易生錯誤，造成突變，突變累積多了，就容易產生腫瘤，甚至癌症。

　　隱睪症的機會高不高？我個人感覺通常十隻裡會有兩隻產生問題。曾經有一隻可憐的小牧羊犬，因脾氣兇狠，轉手了八個飼主。原來是狗狗肚子裡的睪丸腫瘤作怪，產生過多男性賀爾蒙，導致脾氣暴躁。八個飼主都以為是狗狗的脾氣問題，卻不知是自己疏忽，不理會隱睪症所至！另外有一隻狗狗則因睪丸病變後產生過多的女性賀爾蒙，造成凝血障礙，也讓狗狗手術風險變得很高，因為手術時很難止血，所以隱睪症也是預防重於治療。何況隱睪症是遺傳病，通常公狗有這個問題就不建議再讓他交配，以免有兒子後，兒子可能又是隱睪症。

　　我甚至見過有醫師只拿出外面那顆睪丸，這樣問題就大了，因為狗狗若被其他人領養或走失，獸醫師會誤認那隻公狗已被結紮，而忽略肚子裡面有腫瘤的可能性，所以絕對不建議只拿外面正常那粒。這樣做真的很危險！公狗無論幾歲做結紮都是小問題，正常十五分鐘搞定，無須過分擔心。

　　最後，附帶一提，保持生殖器清潔也不可輕忽。

如何清洗包皮
https：//youtu.be/Ua5MVGEzuCo

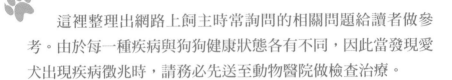

這裡整理出網路上飼主時常詢問的相關問題給讀者做參考。由於每一種疾病與狗狗健康狀態各有不同，因此當發現愛犬出現疾病徵兆時，請務必先送至動物醫院做檢查治療。

Q 我收養了一隻一歲多而又未結紮的比熊犬。他小便次數頻繁，大約一個多小時就小便一次。他時常弄他的「B仔」（生殖器），使他「B仔」附近的毛都變成咖啡色了！那處皮膚也變得有些灰灰的。請問他是否有病？還是行為問題？

A 一個小時小便一次，太頻密了！可能有尿道炎或尿道結石。成日玩弄「B仔」，會讓口水內的細菌進入包皮和生殖器，造成該處容易發炎。建議先檢查確認沒有尿道結石，然後餵食消炎藥，並幫他戴頭罩，防止他繼續玩弄，增加細菌進入包皮及尿道的機會。此外，包皮應定期清洗。

Q 狗狗陰莖滴血，一歲半，雄性，未做結紮手術！

A 可能是假交配或交配不慎造成的陰莖受傷。若滴血的話，也可能是染上狗狗的花柳病，在交配或與替代品磨蹭時造成傷口。

第**3**章

常見迷思

狗食裡的粗蛋白
不是真蛋白質？

　　網路充斥著許多資訊，有些是事實，對飼主很有幫助；有些卻是道聽途說的垃圾資訊。所以飼主們對網路來的消息盡可能先消化一下，不要照單全收。就連我講的，你們也應仔細想想，過濾完才吸收。

　　有位熱心的飼主讀到一篇文章，來問我的意見。節錄該篇文章如下：

> 狗食成分中的粗蛋白不是真蛋白？
>
> 先講優質真蛋白營養性質分類：
>
> 1. 完全蛋白質：含有足量的必須氨基酸以供組織所需，同時還能夠促進正常的生長速率。
> 2. 部分完全蛋白質：為生長發育所需，缺了它們，生命仍可維持。
> 3. 不完全蛋白質：光靠它們並不足以應付組織新陳代謝所需，因而不足以維持生命。

其實蛋白質可以有化學性質（粗蛋白質）！

不知道大家有沒有留意，購買狗飼料時的蛋白質（英文）成分，市面上極多狗飼料的蛋白成分是（粗）蛋白，動物蛋白質與粗蛋白質分別極大。

什麼是粗蛋白？

只要在實驗室內驗出有「氮」的成分，就可以說有蛋白質，而「氮」是由「三聚氰胺」提取的，所以如果你的愛犬吃的是粗蛋白狗飼料，可以說是狗狗是吃「氮」而不是吃蛋白質！

三聚氰胺是什麼，我估計大部分人會知道，在這裡亦不多解釋，請狗主們由最基本做起，你家狗狗的健康是由你來控制！

這篇文章乍看之下似乎很為動物健康著想，寫得又很有道理，但事實上錯誤百出。

以下我簡單敘述幾個重點：

Crude protein（粗蛋白）的確是檢驗食物中的氮含量，因為脂肪、碳水化合物及纖維質都不會有氮存在，因此氮的含量通常就等於蛋白質的含量。蛋白質的確也有分好蛋白及沒有那麼好的蛋白。好的蛋白質吸收力高，提供必需的胺基酸多；而不好的蛋白質吸收力差，身體用不到，反而給腸胃道細菌製造一堆氮廢物。然而重點是，粗蛋白並非差的蛋白質，它只是衡量食物中蛋白質含量的一種方法。

很多人吃的食物也是標明Crude protein，跟狗食無關，跟蛋白質的好、壞更無關。至於三聚氰胺則是中國人特別加入食物或奶粉裡以增加氮含量的騙術，讓沒察覺的官方以為奶粉中的蛋白質含量很高，其實只是一種工業化學成分，沒有任何營養價值，還容易造成腎結石。

　　雖然這個成分的確可以騙過Crude protein analysis（粗蛋白分析），但不代表註明Crude protein的就是三聚氰胺。現在大部分國家的食物環境局，經過毒奶粉事件後，都會抽驗食物中的三聚氰胺含量，以防止悲劇再次發生，所以你現在所見到大部分的粗蛋白應該大多是真正的蛋白質，而非三聚氰胺。

　　至於蛋白質的好、壞與吸收力，就不是粗蛋白分析可以測試到的，這篇講的完全沒有意義。多數的精緻蛋白通常就是所謂的甲殼素等海鮮類的蛋白；肉類蛋白通常就沒這麼精緻容易吸收，但極少產生毒素！

　　所以各位看倌上網找資訊時，需心亮眼明，判斷真假。如果不確定時，也可來問問我。畢竟我不賣狗食，也沒有利益瓜葛，可以中立些發表評論！

草藥就是天然，
西藥非天然所以是毒藥？

其實絕大部分的西藥，都是從天然物質中萃取與發現的。我就以在二次世界大戰時，救人無數的盤尼西林抗生素來說個真實的故事吧！

本來 Alexander Flemming 是一個失敗的科學家，他的唯一興趣是拿培養皿培養不同顏色的細菌做畫。有一次放假時，不知誰不小心掉了一塊橘子皮在他的細菌培養皿上，當他回來之後，他發現那塊發霉的橘子皮竟然完全破壞了他的細菌畫。那塊橘子皮附近的細菌菌落竟然全部死光了。他沒生氣，反而覺得驚奇，於是拿著那塊發霉的橘子皮去研究，終於提煉出青黴素，拯救了數百萬二次大戰時受傷而遭細菌感染的人！

西藥的發現其實也多是經由觀察大自然中，不同物種的互動所推敲研究出來的。與草藥唯一的不同是，西方科學家願意將草藥做分析，抽取裡面最有效的物質出來做測試，找到有效的劑量以及會造成中毒的劑量。

大部分的植物都會自我保護，不受到昆蟲侵害的機制。因此很多驅蟲、殺蟲劑也都是科學家觀察植物對抗昆蟲的產物，例如

Advocate 的 Imidacloprid 就是柑橙葉的萃取物。重點是要找到有效殺死昆蟲，而非只是驅離他們的植物，找到後又必須從中找到只殺昆蟲，而不傷害動物的物質（selective killing）。最後經過反覆驗證，找到最佳的無毒劑量，才能申請專利發售。

西藥需要經過冗長的時間研究與實驗才能上市，但這些藥物都有詳細的劑量指示。草藥也是中國人或其他原住民長期觀察與人體實驗的結果，只是缺乏萃取與劑量量化的程序。大部分的草藥更鮮少在動物身上實驗過，因此動物劑量更是未知數。草藥的毒性絕對不比萃取後的西藥少，只是沒人測試過致毒的劑量，並不代表沒有毒性！

基本上所有的西藥最初都是從大自然提煉出來的，與草藥的分別只在於是否有萃取的過程與嚴謹的劑量測試，因此不要再輕易相信「西藥都是毒藥」的說法，任何東西服用過量都是毒藥，但西藥至少有顯示安全劑量！

我其實非常相信動物身體具有自癒能力，不需要太多西藥或手術介入！但我也處理過太多明明可以預防，卻因為飼主不信邪所造成的重症，如狗瘟、腸病毒、牛蜱熱、心絲蟲等。一旦感染到這些嚴重的疾病，飼主花大錢只是其次，死亡率還相當高！

為何 FIP、SARS、愛滋病可怕？就是因為沒有預防針可以預防！幾十年前殺人無數的天花為何不可怕？因為預防針的出現已經將其消滅！預防針是否一定安全？當然不是！但對於某些致命的疾病來說，不打預防針是否明智？我認為絕對是愚蠢至極！

雖然有些獸醫反對過度打預防針，但並非完全不打，要搞清楚之間的不同！國外有不少利用另類療法來醫治動物的獸醫，我個人是沒什麼意見，畢竟他們有受過專業的醫療訓練，知道什麼情況需

要西方藥物或預防針，什麼情況可以使用其他療法。不過現在很多販售自稱天然產品的代理商，說自己有「順勢療法」的專業，一竿子打翻所有西方的疫苗與寄生蟲預防方法，拿自己未經證實的方法來教導其他飼主這麼做，實在很危險！

　　網路資訊發達，很多乍聽之下很有理的言論，多經不起進一步查證。人們對於不了解的事物多半恐懼，聽到「天然」二字就以為真的天然無毒。無尾熊最愛的尤加利樹，對其他哺乳類來說含有劇毒，但卻常常被做成精油，用來驅蚊、驅蟲，所以天然的東西就真的無毒嗎？端看要怎麼使用。有時候得自己先做功課，不能一味聽信他人，否則變成問鬼拿藥單就後悔莫及！

你確定要用
膠原蛋白嗎？

　　據我所知，膠原蛋白一點都不天然，其主要成分是化學合成的胜肽鏈，稱之為生長因子（Growth factors）。

　　女性的化妝品廣告常讓我不禁莞爾。把膠原蛋白塗抹在臉上？很抱歉，完全不會吸收！搭配導入儀？抱歉，仍然不會吸收！乾脆吃進肚子裡？抱歉，還是不會吸收，最多是被胃酸及消化酵素切成短的胜肽鏈或胺基酸，但就如同吃軟骨、豬皮一樣，仍然用不到。正常人的膠原蛋白會慢慢流失，只有在受傷時，才會被身體利用到，因此很多美容用的什麼微針激光雷射、彩光，是先傷害皮膚，將其戳了無數個小洞後，才讓皮膚利用膠原蛋白來將皮膚補回。

　　生長因子 Growth Factors（GF）有沒有用？有！GF 有什麼用？可以刺激毛髮生長，刺激賀爾蒙及細胞代謝等等，不同的 GF，有不同的功用。網路上有不少廣告，用過的人都說睡得好、毛髮及指甲生長快速，但我不確定是否寵物用也一樣。但要注意一點，GF 簡單來說，就是可以刺激不同細胞生長及活化，但腫瘤就是不斷生長的細胞，因此已有不少文獻表示，某些 GF 可能會增加腫瘤的生長或形成。

簡單來說，人用的Gift of Life一般反應不錯，寵物用的則不確定。然而，沒有有關人類長期使用的研究報告，因此服用這個產品而形成腫瘤的機會有多少，目前無人知道。但是很多腫瘤也會分泌GF，因此究竟是GF造成腫瘤？還是腫瘤產生高劑量的GF，使得研究人員發現高GF的人容易有腫瘤？究竟是因？還是果？仍是未知數。

雖說如此，已經吃了的小朋友，家長不用過分緊張，只是有機會形成腫瘤。腫瘤觀察要三年以上，目前還沒有研究報告，所以很難斷定。Gift of Life裡面有一個重要的GF叫做IGF（insulin like growth factor），我們的身體在年輕時很多，但若年老時，再加上這個，就哈佛大學的研究，似乎會增加腫瘤發生的機會。有興趣了解的讀者可以在HARVARD gazette網站搜尋《Growth Factor Raises Cancer Risk》做更深入的了解。

專欄
昂貴的幹細胞療法值得嗎？

幹細胞，這個之前被過度炒作的話題，近年來好像銷聲匿跡了。其原因不外乎，動物用的幹細胞由自體脂肪細胞抽取，但時常萃取出來後，發現根本少得可憐或沒有幹細胞在內。就算有得到幹細胞，由於源自於脂肪，已經經過分化而老舊，因此效能也不足。相比動輒兩三萬一次的幹細胞治療，性價比非常低！

近年來出現了實驗室培養的年輕幹細胞，確認一定數量後購買並打入關節，已有實驗證實可以有效減輕關節疼痛、老化、發炎等問題。動物也無須挨一刀來抽脂肪。當然所費不貲，但怎樣都便宜過開刀裝人工關節或韌帶。

高齡狗的關節退化問題，我個人通常是建議先試試打骨針，療效好、副作用低。這樣做，主要目的是增強關節潤滑功效，相當於老車要勤換好的機油、減少磨損一樣的意思。但有些動物打骨針打成依賴，幾天不打就又開始疼痛，這時只能考慮手術。而幹細胞的誕生可能可以取代手術，修補軟骨及發炎的關節，達到潤滑、消炎、止痛的效果，實在不失為一個很好的另類療法。

此外，新的研究顯示，幹細胞用肌肉注射或血液注射可以降低自我免疫系統的問題，如貓咪的慢性牙周病或狗狗的溶血性貧血等問題。而幹細胞對於高齡狗的慢性腎臟退化或貓咪的慢性腎臟病似乎也有明顯的功效。當然這些仍在測試研究階段，就目前看來，結果似乎很樂觀。

　　由於西醫目前只能用類固醇等免疫抑制劑來控制免疫系統問題，但這其實對身體有傷害，因此幹細胞如果能取代這些免疫抑制的藥物，就非常值得一試！而貓咪與狗狗的慢性腎臟病更是無解之題，除了打點滴排毒或用腎臟處方食品與補品降低毒素吸收之外，目前西醫對慢性腎衰竭能做的少之又少，若幹細胞能扭轉腎臟退化的問題，真的可以造福許多動物！

蚤水是毒藥？

　　香港報紙曾經有一篇新聞說《致癌毒蚤水通街賣》，引起不少飼主人心惶惶。事實上，報導中提到的蚤水是無須註冊的毒藥（有機磷），並不是獸醫院賣的Frontline（Fipronil）與Revolution（Selamectin）等成分。

　　這個無須註冊的有機磷農藥，是寵物店或農場就可以輕易拿到的貨品。很多飼主或許只讀標題，不讀內容，看到蚤水有毒，就直接以為是平常獸醫建議用的蚤水，結果不敢用，反而因噎廢食，跑去寵物店買什麼防蚤、防牛蜱的噴劑等沒用的東西。

　　在我寫文章闢謠後，還是有網友不認同，因此我再進一步研讀相關文獻作研究。基本上，我對任何報導都會詳查，也不會只找對自己有利的證據。

　　的確，所有經過皮膚吸收的藥物都有可能造成中毒，但我仔細研究過Fipronil，也就是「蚤不到」的毒性。若在研究論文的搜尋引擎打「Fipronil toxicity」，出來的只會講這個藥selectively（選擇性地）對昆蟲有作用，對哺乳類沒有用。至於有人提到Frontline的成分Fipronil會造成甲狀腺癌，更是匪夷所思。

首先，狗狗很少甲狀腺癌，最多是甲狀腺低下，這通常是免疫系統破壞甲狀腺造成。其次，上研究論文的引擎找 Fipronil 及甲狀腺的文章，只有一篇是說該藥試用在 non-target animal（非目標性的動物）身上時，也就是說用「老鼠」做實驗時，結果甲狀腺出現「干擾」。但另外一篇拿了羊來做實驗，就沒有這個問題。無論如何，兩篇都完全未論及所謂的「造成甲狀腺癌症」。

網路資訊太多、太雜！事實上，所有的藥物都會列出曾經產生過的副作用。外國獸醫只要有疑似副作用的情況發生，就會向中央回報，只要有回報的例子，依照規定就是要明列出來。

我們說老實話吧！懷疑獸醫師賣「蚤不到」是為了貪圖利潤的想法真的很可笑，飼主們不用藥，讓毛孩子中了牛蜱熱，或因為跳蚤造成皮膚過敏來看診，獸醫們豈不賺得更多！一個牛蜱熱就可以收取個幾萬塊，還不包括輸血。

之所以寫這麼多，只不過想再三強調預防牛蜱的重要性。不管飼主用頸圈、Frontline、或 Adavantix（Imidacloprid）都行，但若什麼都不用，到時狗狗貧血，要輸血，又醫不好，就後悔莫及了！

量血壓、腹部超音波
與電腦斷層掃描

近來滿多飼主都會安排狗狗量血壓、照腹部超音波與CT，關於這幾個項目我們可以探討一下。

🐾 量血壓

人在量血壓時，護士會請你手平放，心情、肌肉放鬆。狗狗在還沒進診所前應該都已經緊張到要爆血管了，更別提被人捉住手，不能動。同時，還有個東西越來越漲、越來越緊地壓迫他的手。請問這時血壓會正常嗎？

狗狗的心臟病或賀爾蒙問題的確都應量血壓，但目前量血壓的方式都會造成狗狗緊張，血壓也相對會跟著升高，當然會有高血壓的錯覺。有些人會說我的狗狗吃了降血壓藥再來驗，真的有低一些。沒錯，一半可能是藥物有幫助，一半可能是狗狗比較習慣了被人帶出來綁住手的程序，變得沒那麼緊張，血壓也就沒有升得那麼高了。

血壓很重要，不過只有在麻醉下量，才有實質的意義，可是誰

會沒事麻醉動物，只為了量血壓呢？

腹部超音波

至於腹部超音波，老實說，我認為多數結果都是庸人自擾，因為超音波容易產生許多無意義的發現（incidental findings），舉例如下：

1. 肝臟或脾臟有腫塊

十隻高齡狗，大概有九隻或多或少肝臟、脾臟甚至腎臟都會有一些腫塊，醫生統稱為「腫瘤」，拉丁文是「新生的腫塊」，大多只是正常肝臟、脾臟增生、淋巴腫大或血腫。很多飼主一聽到腫瘤就以為是惡性腫瘤，也就是癌症。其實任何腫塊都可以稱為腫瘤，直到確認為止。狗狗若沒有任何症狀，小於五公分的腫塊都建議先觀察一下，一個月後複診，確認其大小的變化。若沒變化，就不需急於開刀切除。肝臟腫瘤可做細針抽吸化驗，確認為何種腫塊。但脾臟因細針抽吸較可能引起內出血，定期超音波檢查大小即可。

2. 腎臟有水泡、輕微萎縮、腎石

十隻高齡狗受檢，十隻都會有。只要驗血顯示腎功能正常，尿液比重不會太輕，就代表腎臟仍然有功能，只是結構上有些衰退，無需吃補品，以免越補越糟。更無需瞻前顧後不敢做手術，處理必須處理的問題，造成更大的傷害！總之，肝、脾腫塊對高齡狗而言屢見不鮮，多數與狗狗共生共死。僅少部分屬惡性血管瘤之類的腫瘤，通常大得很快，因此切勿在確診前，輕易動刀摘除！

🐾 電腦斷層掃描（CT）

人性真的很有趣，對於不懂的醫學專業術語，時常將之誤以為是高級的東西，例如電腦斷層掃描（CT）。因為電腦斷層掃描比核磁共振（MRI）速度快很多，不少醫生為了省時，很愛用。但究竟飼主們知不知道什麼是CT。

CT相當於是360度的圓形X光長時間照射。範圍越大，所用的輻射量越高，比拍一張X光的劑量高出不止500倍。小於一歲的動物接受這麼高劑量的輻射，會增加腫瘤生成的風險。既然CT是X光，也就是說CT主要是用來照骨頭以及空氣多的地方，如胸腔或鼻腔。軟組織多的地方如腹部，其實照CT的指標性並不大，而CT也不能百分之百判讀出物體是腫瘤、增生組織或只是積液。這時，有人會開始打顯影劑，靜脈顯影劑會大幅增加動物受到的輻射量，而且這些顯影劑會集中在某些器官，可能會大大增加器官病變成腫瘤的機會。

但是關於鼻腔腫瘤或胸腔腫瘤，我同意CT仍是不錯的非侵入性診斷工具，但其他地方，我會建議沒事別亂用。骨折通常照張X光就清楚明白了，即使多照了幾張，也沒有照一次CT所受的輻射量多。若有醫生貪快，建議照CT，你大可拒絕。軟組織如腹腔、腦部、脊椎神經等部位，其實照MRI清楚很多，又無輻射，只是需時較久，但欲速則不達的道理相信大家都懂。

氣體麻醉比較好嗎？

很多人認為氣體麻醉比較好，真的是這樣嗎？

基本上，幾乎所有的動物手術都是使用氣體麻醉。當然有醫生對於短時間的麻醉手術，會不做插管就直接進行，不過這並非正統做法。

麻醉氣體非常刺鼻難聞，沒有任何動物會乖乖地讓你將面罩蓋在他的臉上而不掙扎的。氣體麻醉對於動物而言常是非常痛苦的經驗。動物若因

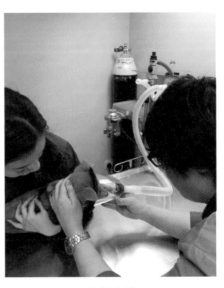

氣體麻醉

緊張流口水或嘔吐，常常會因為帶了面罩，嘴巴無法張開將嘴巴內的異物嘔吐出來，反而造成吸入性肺炎，甚至窒息！

正確的流程應該是先打個短效麻醉鎮定針，讓狗狗放鬆了以後，插喉管擋住口水或嘔吐物進入氣管，之後再將喉管接上氣體麻

醉機，讓動物得以靠氣體麻醉維持麻醉的效果。氣體麻醉相對比較安全的原因是在於，劑量若開高了，可立刻用氧氣沖淡排出，但針劑打進身體裡就抽不出來了，因此計算針劑需要非常小心。

短效麻醉針通常是用只要能成功插入喉管就好的最低劑量，這就是有沒有經驗的差別，因為藥物或書本上的建議劑量通常比較多，很多時候一半建議劑量都不用，就可以完成插管了。

只有一種情況會直接用面罩氣體麻醉，那就是動物本身身體狀況已經很差，沒什麼反抗能力。這時就可以直接用面罩麻醉後再插管，不然在動物掙扎的情況下，逼他們聞刺鼻的麻醉氣體，我認為是一種折磨！

所以不要再聽信什麼誰用氣體麻醉比較好，大家都是用氣體麻醉，只是先後與手法的問題！但你若想要你的寵物從此痛恨獸醫院的話，就直接氣體麻醉吧！麻醉完，動物還是會記得當初被強迫戴上面罩掙扎的痛苦，以後更加懼怕獸醫院，不可不慎！

打針、手術價格
與其品質不大相關？

　　飼主們多少都會跟獸醫院直接詢問手術、洗牙或打針的價錢。很多東西比較一下價錢無可厚非，但要小心因小失大！

陷阱一：打針好便宜啊！

　　某間獸醫院幾年前以一百六十元港幣打預防針出名，但是不少飼主都會抱怨，每次買單都要花到六七百元，為何會出現這種落差呢？

　　有些獸醫打針及診金大多是不包括其他檢查，所以拿耳鏡照耳朵要收錢、看眼睛要收錢、連照個紫外光燈都要收錢，而且常不事前徵詢飼主是否要做，也不說明多少錢。例如醫生打針前，順便幫寶貝用顯微鏡看看耳朵，說很髒，就擅自幫他夾耳屎，又說細菌多，開了洗耳水及耳藥水，結果打個針完就變成六七百元了！

　　有些獸醫的診金可能比較高，但通常會做些免費的檢查，如看眼睛、耳朵及照紫外光等。因此若單問打針價錢或看診價錢，可能會被誤導。

　　所以在醫生做任何動作前，都應問清楚需不需要另外加收費

用。更應問清楚究竟檢查的目的，對治療有何作用。很多治療是多餘的，例如用顯微鏡看耳屎，就算沒發炎，也一定會有細菌！又如耳疥蟲，這個用肉眼就可以看見。

陷阱二：手術價錢差好遠！

很多手術做法不只一種。若偷工減料或只做一半，又或者用便宜的方法做，價錢就相差甚大！例如做十字韌帶手術，用釣魚線最便宜。若用TTA，由於有金屬植入就較貴。其次，有手術費是不包括麻醉費等其他雜費的。我曾見識過某知名獸醫院的手術費，竟連一根螺絲、一條手術線都分開計價，帳單密密麻麻，最後手術費與當初報價相差的天南地北！

此外，術後留院的費用也各有不同。有的是定價，包括普通針藥，但大部分是分開計價，住院歸住院，鹽水點滴、所有針藥都另計。更甚者，還有每日醫生巡房費喔。

當然還有其他許許多多的陷阱，不過最常見的仍是手術及留院價錢上的陷阱。建議大家選擇獸醫院時，儘量不要貪小便宜；而醫生無論做任何檢查，都請事前問清楚需不需要加錢及對診斷或治療有何幫助。這樣可以避免最後拿到帳單，才血壓升高要昏倒，或是跟醫生、姑娘（護士）吵架。希望這樣也能改變大眾對於獸醫都是死要錢的刻板印象。

寵物造型達人秀
有趣又無害？

　　近來頗盛行所謂的「寵物造型達人秀」。許多飼主喜孜孜地將他們的寶貝打扮得多采多姿，或帶著參加比賽，或牽著在街上炫耀。寵物造型真的值得嗎？我個人的想法如下：

1. 再怎麼無毒的色素，即使是食用色素，塗得全身都是，或多或少會經由皮膚吸收。

2. 色素塗得全身都是，有可能進入眼鼻，產生刺激，狗狗也可能會因為不舒服而舔入腸胃。此外，狗狗也可能對這些色素過敏，更別提有些寵物造型師會隨意使用含有化學物質的定型噴霧！

3. 狗狗沒有審美觀，可能覺得你在懲罰他；染成這樣，也可能被其他狗狗排擠，簡直等同精神上的虐狗狗行為。

　　我個人認為，為了飼主的虛榮心而舉辦的美容比賽，在造型上受害的還是狗狗！這是愛護寶貝的飼主該做的事嗎？這一點值得好好思考一番。

國家圖書館出版品預行編目資料

當心！網路害死你的狗！：專業獸醫師破解常見網
　路謠言與疾病疑問，給你正確的狗狗醫療知識／
　古道著 . -- 初版 . -- 臺中市：晨星，2018.03
　面；　公分 . --（寵物館；58）

ISBN 978-986-443-402-2（平裝）

1. 犬　2. 疾病防制

437.355　　　　　　　　　　　　　　　106025236

寵物館 58

當心！網路害死你的狗！：
專業獸醫師破解常見網路謠言與疾病疑問，
給你正確的狗狗醫療知識

作者	古道
主編	李俊翰
美術設計	黃偵瑜
封面設計	陳蕾米
創辦人	陳銘民
發行所	晨星出版有限公司
	407 台中市西屯區工業 30 路 1 號 1 樓
	TEL：04-23595820　FAX：04-23550581
	行政院新聞局局版台業字第 2500 號
法律顧問	陳思成律師
初版	西元 2018 年 3 月 1 日
總經銷	知己圖書股份有限公司
	106 台北市大安區辛亥路一段 30 號 9 樓
	TEL：02-23672044 / 23672047　FAX：02-23635741
	407 台中市西屯區工業 30 路 1 號 1 樓
	TEL：04-23595819　FAX：04-23595493
	E-mail：service@morningstar.com.tw
	網路書店 http://www.morningstar.com.tw
讀者專線	04-23595819#230
郵政劃撥	15060393（知己圖書股份有限公司）
印刷	啟呈印刷股份有限公司

定價 290 元
ISBN 978-986-443-402-2

Published by Morning Star Publishing Inc.
Printed in Taiwan

◆讀者回函卡◆

姓名：＿＿＿＿＿＿＿＿　性別：□男　□女　生日：西元　　　/　　　/

教育程度：□國小 □國中　　□高中/職　□大學/專科 □碩士　□博士

職業：□學生　　□公教人員　　□企業/商業　□醫藥護理　□電子資訊
　　　□文化/媒體　□家庭主婦　　□製造業　　□軍警消　　□農林漁牧
　　　□餐飲業　　□旅遊業　　□創作/作家　□自由業　　□其他＿＿＿

E-mail：＿＿＿＿＿＿＿＿＿＿＿　聯絡電話：＿＿＿＿＿＿＿＿

聯絡地址：□□□＿＿＿＿＿＿＿＿＿＿＿＿＿＿＿＿＿＿＿＿＿

購買書名：當心！網路害死你的狗！＿＿＿＿＿＿＿＿＿

・本書於那個通路購買？　□博客來 □誠品 □金石堂 □晨星網路書店 □其他＿＿＿

・促使您購買此書的原因？

□於 ＿＿＿＿ 書店尋找新知時 □親朋好友拍胸脯保證 □受文案或海報吸引

□看＿＿＿＿＿＿網路平台分享介紹 □翻閱 ＿＿＿＿＿＿ 報章雜誌時瞄到

□其他編輯萬萬想不到的過程：＿＿＿＿＿＿＿＿＿＿＿＿＿＿

・怎樣的書最能吸引您呢？

□封面設計 □內容主題 □文案 □價格 □贈品 □作者 □其他＿＿＿＿

・您喜歡的寵物題材是？

□狗狗 □貓咪 □老鼠 □兔子 □鳥類 □刺蝟 □蜜袋鼯

□貂　□魚類 □烏龜 □蛇類 □蛙類 □蜥蜴 □其他＿＿＿＿

□寵物行為　□寵物心理　□寵物飼養　□寵物飲食　□寵物圖鑑

□寵物醫學　□寵物小說　□寵物寫真書　□寵物圖文書　□其他＿＿＿

・請勾選您的閱讀嗜好：

□文學小說　□社科史哲　□健康醫療　□心理勵志　□商管財經　□語言學習

□休閒旅遊　□生活娛樂　□宗教命理　□親子童書　□兩性情慾　□圖文插畫

□寵物　　　□科普　　　□自然　　　□設計/生活雜藝　　□其他＿＿＿＿

感謝填寫以上資料，請務必將此回函郵寄回本社，或傳真至 (04)2359-7123，
您的意見是我們出版更多好書的動力！

・其他意見：

也可以掃瞄 QRcode，
直接填寫線上回函唷！

廣告回函
台灣中區郵政管理局
登記證第 267 號
免貼郵票

407
台中市工業區 30 路 1 號

晨星出版有限公司

寵物館

更方便的購書方式：

(1) 網站：http://www.morningstar.com.tw
(2) 郵政劃撥　帳號：22326758
　　　　　戶名：晨星出版有限公司
　　請於通信欄中註明欲購買之書名及數量
(3) 電話訂購：如為大量團購可直接撥客服專線洽詢

◎ 如需詳細書目可上網查詢或來電索取。
◎ 客服專線：04-23595819#230　傳真：04-23597123
◎ 客戶信箱：service@morningstar.com.tw